今すぐ使える かんたん

ぜったいデキます!

ネット通販でお買いもの

アマゾン&楽天 対応版

技術評論社

この本の特徴

1 ぜったいデキます！

操作手順を省略しません！

解説を一切省略していないので、
途中でわからなくなることがありません！

あれもこれもと詰め込みません！

操作や知識を盛り込みすぎていないので、
スラスラ学習できます！

なんどもくり返し解説します！

一度やった操作もくり返し説明するので、
忘れてしまってもまた思い出せます！

② 文字が大きい

たとえばこんなに違います。

ふつうの本	見やすいといわれている本	この本
大きな文字で 読みやすい	大きな文字で 読みやすい	大きな文字で 読みやすい

③ 専門用語は絵で解説

大事な操作は言葉だけではなく絵でも理解できます。

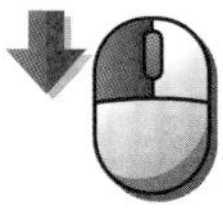

左クリックの
アイコン

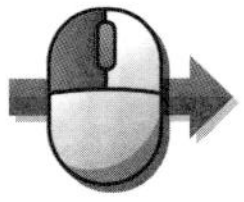

ドラッグの
アイコン

入力の
アイコン

Enterキーのアイコン

④ オールカラー

2色よりもやっぱりカラー。

2色

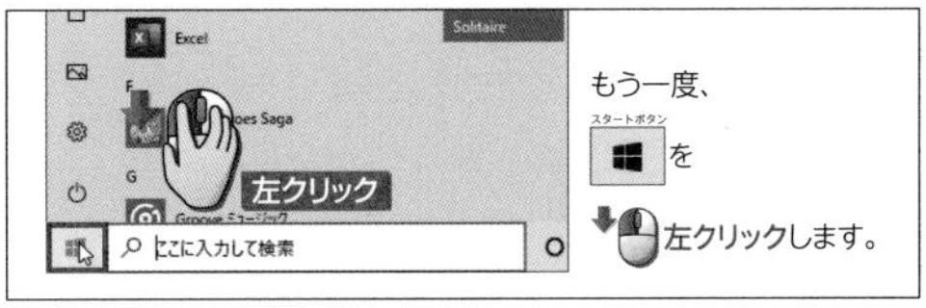

カラー

CONTENTS

パソコンの基本操作

マウスの使い方を知ろう 10
キーボードを知ろう 15
日本語入力のしくみを知ろう 16

第1章 ネット通販の基本知識を知ろう

インターネット通販のしくみを知ろう 20
ネット通販の便利なことを知ろう 22
ネット通販は危なくないの？ 24
ネット通販に必要なものを準備しよう 26
アマゾンと楽天について知ろう 28

第2章 アマゾンで買い物をする準備をしよう

アマゾンのホームページを表示しよう 32
アカウントを作成しよう 36

住所を登録しよう 42
クレジットカードを登録しよう 46
アマゾンにログインしよう 50

第3章 アマゾンで購入したい商品を探そう

購入したい商品をキーワードで探そう 54
検索結果の画面を確認しよう 56
カテゴリーで検索結果を絞り込もう 58
キーワードを追加して検索結果を絞り込もう 60
購入したい商品を詳しく見てみよう 62

第4章 アマゾンで注文しよう

カートに商品を入れよう 66
カートに商品を追加しよう 68
カートの商品を確認しよう 70
カートから不要な商品を削除しよう 72
注文を確定しよう 74
配送状況を確認しよう 78

第5章 アマゾンで困ったことを解決しよう

アマゾンをかんたんに表示しよう ……… 82
定期おトク便と表示されたら ……… 86
消耗品や日用品を複数購入しよう ……… 88
支払いにポイントを使おう ……… 90
過去に購入した商品を再度購入しよう ……… 92
間違って購入した商品をキャンセルしよう ……… 96
アマゾンプライム会員って何? ……… 98
アマゾンプライム会員になろう ……… 100
お急ぎ便を使って商品を購入しよう ……… 102
アマゾンプライム会員を退会しよう ……… 104
パスワードを忘れてしまったら ……… 108

第6章 楽天市場で買い物をする準備をしよう

楽天市場のホームページを表示しよう ……… 114
楽天のユーザー登録の流れを知ろう ……… 118
ユーザーIDを作成しよう ……… 120
住所を登録しよう ……… 126
クレジットカードを登録しよう ……… 132

第7章 楽天市場で購入したい商品を探そう

購入したい商品をキーワードで探そう ……… 138
検索結果の画面を確認しよう ……… 140
ジャンルで検索結果を絞り込もう ……… 142
キーワードを追加して検索結果を絞り込もう ……… 144
検索結果を並べ替えよう ……… 146

第8章 楽天市場で注文しよう

買い物かごに商品を入れよう ……… 150
買い物かごから不要な商品を削除しよう ……… 152
注文数を変更しよう ……… 154
注文を確定しよう ……… 156
配送状況を確認しよう ……… 160

第9章 楽天市場で困ったことを解決しよう

楽天市場をかんたんに表示しよう ……… 164
支払いにポイントを使おう ……… 168
過去に購入した商品を再度購入しよう ……… 170
条件で商品を絞り込もう ……… 172

間違って購入した商品をキャンセルしよう 176
パスワードを忘れてしまったら 180
楽天市場にログインしよう 186

索引 190

[免責]

本書に記載された内容は、情報の提供のみを目的としています。したがって、本書を用いた運用は、必ずお客様自身の責任と判断によって行ってください。これらの情報の運用の結果について、技術評論社および著者はいかなる責任も負いません。

本書記載の情報は、2021年7月現在のものを掲載していますので、ご利用時には、変更されている場合もあります。

ソフトウェアはバージョンアップされる場合があり、本書での説明とは機能内容や画面図などが異なってしまうこともあり得ます。OSやソフトウェアのバージョンが異なることを理由とする、本書の返本、交換および返金には応じられませんので、あらかじめご了承ください。

以上の注意事項をご承諾いただいた上で、本書をご利用願います。これらの注意事項に関わる理由に基づく、返金、返本を含む、あらゆる対処を、技術評論社および著者は行いません。あらかじめ、ご承知おきください。

[動作環境]

本書はOSとしてWindows 10を対象としています。

お使いのパソコンの特有の環境によっては、Windows 10を利用していた場合でも、本書の操作が行えない可能性があります。本書の動作は、一般的なパソコンの動作環境において、正しく動作することを確認しております。

動作環境に関する上記の内容を理由とした返本、交換、返金には応じられませんので、あらかじめご注意ください。

マウスの使い方を知ろう

パソコンを操作するには、マウスを使います。
マウスの正しい持ち方や、クリックやドラッグなどの使い方を知りましょう。

マウスの各部の名称

最初に、マウスの各部の名称を確認しておきましょう。初心者にはマウスが便利なので、パソコンについていなかったら購入しましょう。

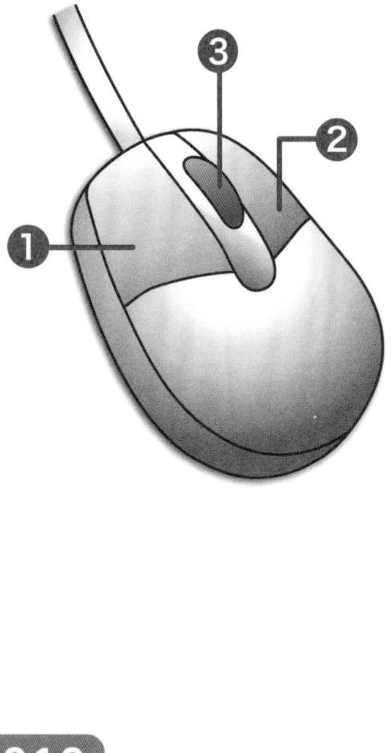

❶ 左ボタン

左ボタンを1回押すことを**左クリック**といいます。画面にあるものを選択したり、操作を決定したりするときなどに使います。

❷ 右ボタン

右ボタンを1回押すことを**右クリック**といいます。操作のメニューを表示するときに使います。

❸ ホイール

真ん中のボタンを回すと、画面が上下左右に**スクロール**します。

マウスの持ち方

マウスには、操作のしやすい持ち方があります。
ここでは、マウスの**正しい持ち方**を覚えましょう。

❶ 手首を机につけて、マウスの上に軽く手を乗せます。

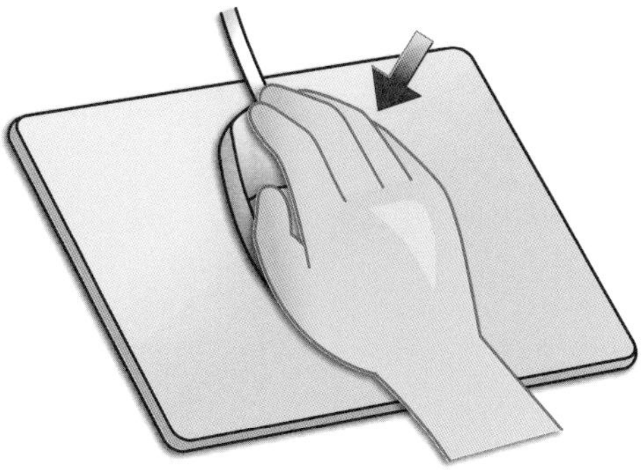

❷ マウスの両脇を、**親指**と**薬指**で軽くはさみます。

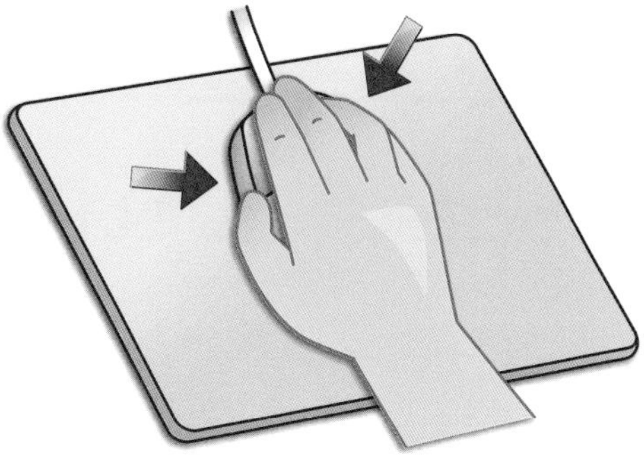

❸ **人差し指**を左ボタンの上に、**中指**を右ボタンの上に軽く乗せます。

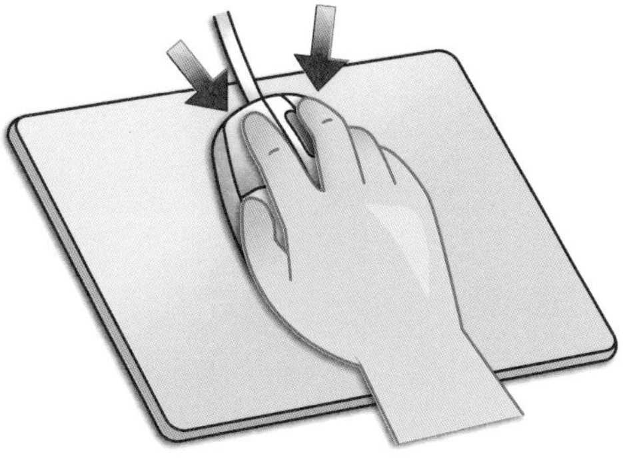

❹ 机の上で前後左右にマウスをすべらせます。このとき、**手首をつけたまま**にしておくと、腕が楽です。

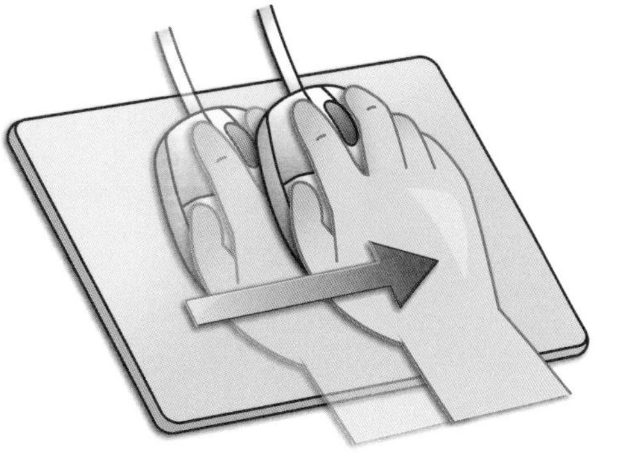

カーソルを移動しよう

マウスを動かすと、それに合わせて画面内の矢印が動きます。
この矢印のことを、**カーソル**といいます。

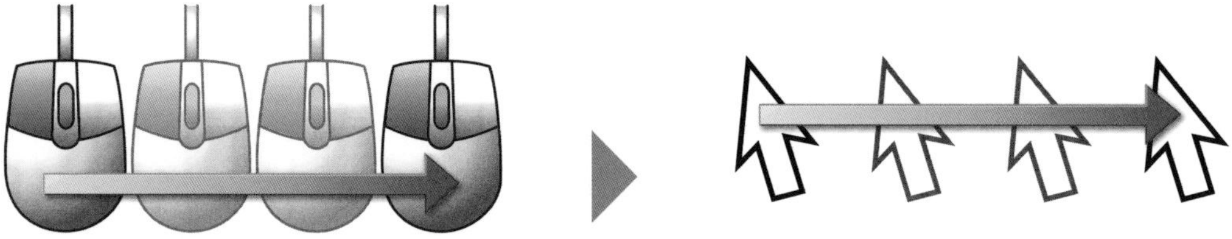

マウスを右に動かすと…　カーソルも右に移動します

もっと右に移動したいときは?

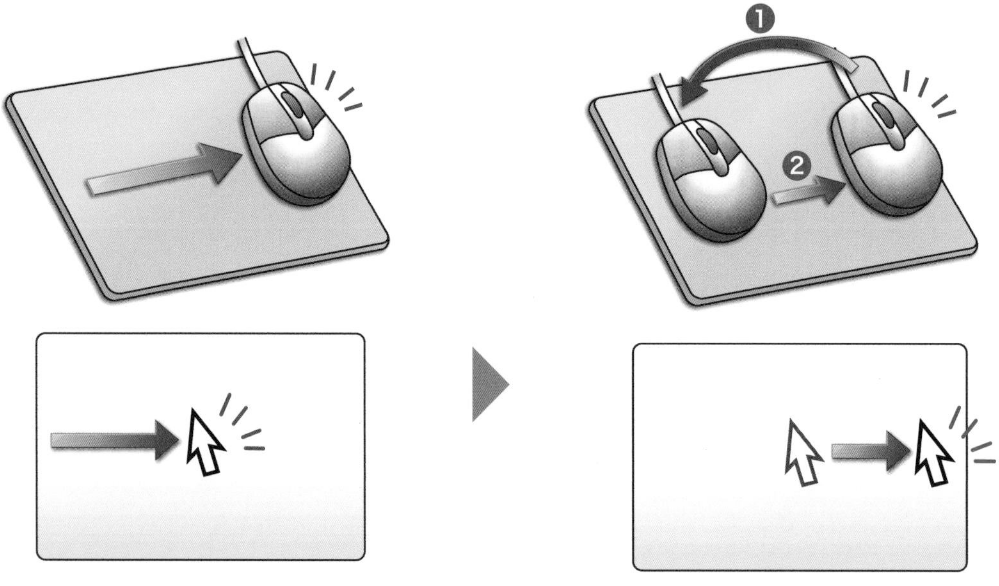

もっと右に動かしたいのに、マウスが机の端に来てしまったときは…

マウスを机から**浮かせて**、左側に持っていきます❶。そこからまた右に移動します❷。

マウスをクリックしよう

マウスの左ボタンを1回押すことを**左クリック**といいます。
右ボタンを1回押すことを**右クリック**といいます。

❶ クリックする前

11ページの方法でマウスを持ちます。

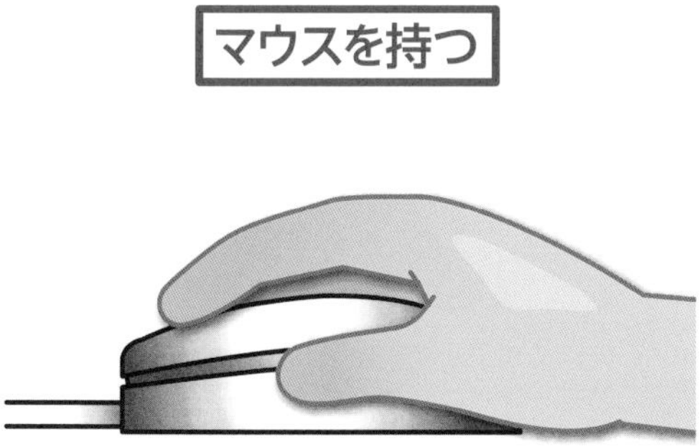
マウスを持つ

❷ クリックしたとき

人差し指で、左ボタンを軽く押します。カチッと音がします。

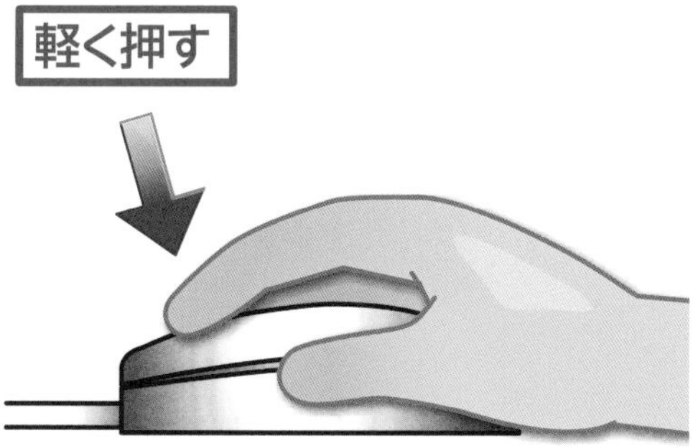
軽く押す

❸ クリックしたあと

すぐに指の力を抜きます。左ボタンがもとの状態に戻ります。

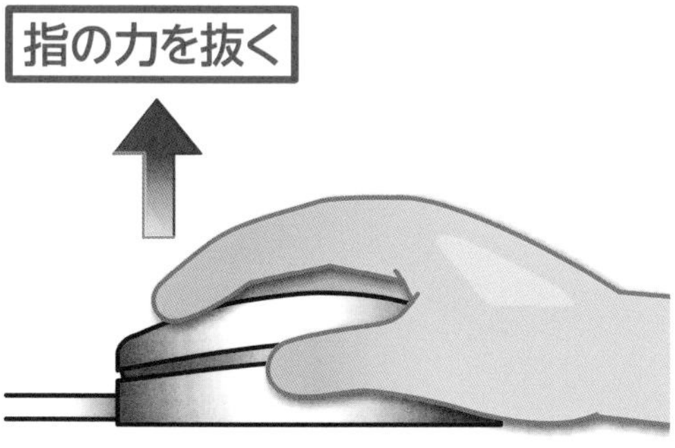
指の力を抜く

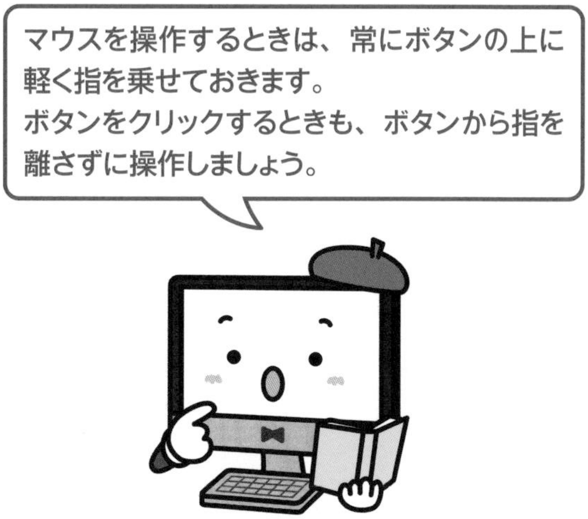
マウスを操作するときは、常にボタンの上に軽く指を乗せておきます。
ボタンをクリックするときも、ボタンから指を離さずに操作しましょう。

マウスをダブルクリックしよう

左ボタンを2回続けて押すことを**ダブルクリック**といいます。
カチカチとテンポよく押します。

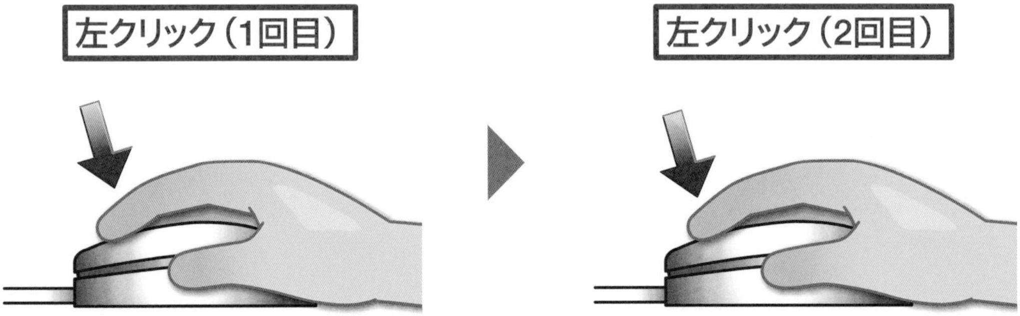

マウスをドラッグしよう

マウスの左ボタンを押しながらマウスを動かすことを、
ドラッグといいます。

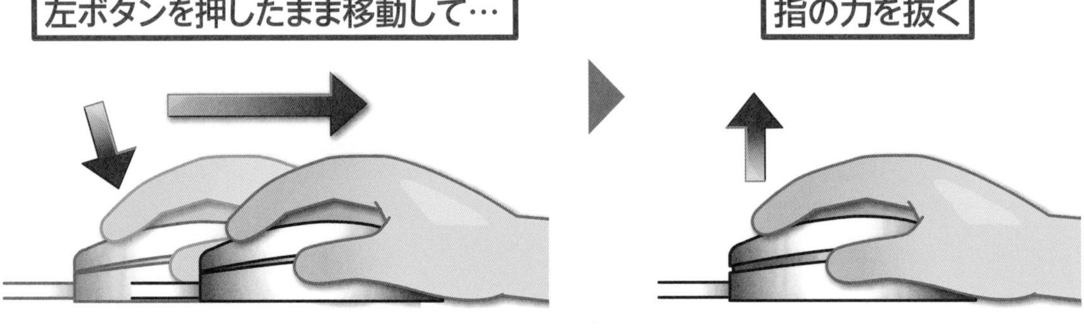

キーボードを知ろう

パソコンで文字を入力するには、キーボードを使います。
キーボードにどのようなキーがあるのかを確認しましょう。

キーの種類

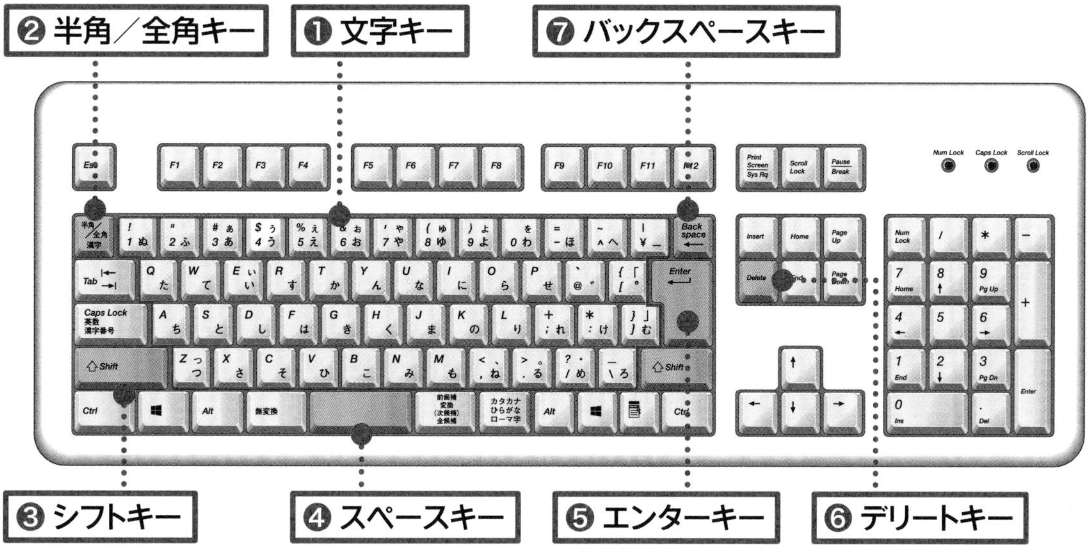

❶ 文字キー
文字を入力するキーです。入力できる文字が表面に書かれています。

❷ 半角／全角キー
日本語入力と英語入力を切り替えます。

❸ シフトキー
文字キーの左上の文字を入力するときに使います。

❹ スペースキー
ひらがなを漢字に変換したり、空白を入れたりするときに使います。

❺ エンターキー
変換した文字を決定したり、改行したりするときに使います。

❻ デリートキー
文字カーソルの右側の文字を消すときに使います。

❼ バックスペースキー
文字カーソルの左側の文字を消すときに使います。

日本語入力のしくみを知ろう

日本語を入力するために必要な入力モードアイコンを理解しましょう。
英語と日本語の入力を切り替えることができます。

入力モードアイコンを知ろう

パソコンで文字を入力する際には、**入力モードアイコン**を切り替えることにより、**日本語入力**と**英語入力**を切り替えられます。
入力モードアイコンは、文字を入力する際に画面の右下に表示されます。
入力する文字により、A だったり あ だったりします。

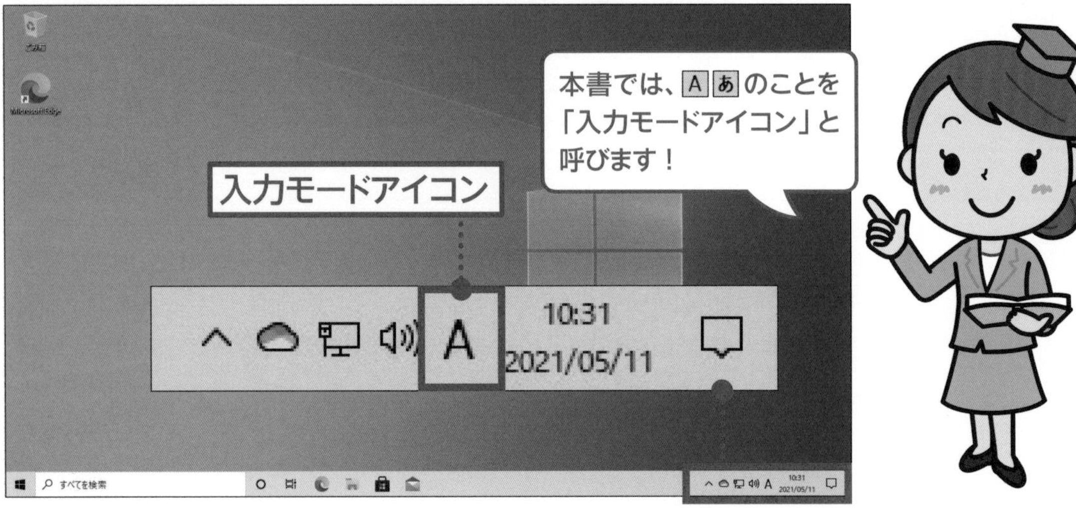

入力モードを知ろう

入力モードアイコンの あ は、**日本語入力モード**です。

入力モードアイコンの A は、**英語入力モード**です。

● 日本語入力モードへの切り替え

入力モードアイコンが A のときに

キーボードの 半角/全角漢字《半角／全角》 キーを押すと、 あ に切り替わります。

● 英語入力モードへの切り替え

入力モードアイコンが あ のときに

キーボードの 半角/全角漢字《半角／全角》 キーを押すと、 A に切り替わります。

半角/全角漢字《半角／全角》 キーを押すと、**入力モードアイコン**が切り替わります。

文字の入力方法を知ろう

日本語入力モードには、ローマ字で入力する**ローマ字入力**と、
ひらがなで入力する**かな入力**の２つの方法があります。
本書では、**ローマ字入力を使った方法**を解説します。

● ローマ字入力

ローマ字入力は、アルファベットのローマ字読みで
日本語を入力します。かなとローマ字を対応させた表を、
この本の裏表紙に掲載しています。

● かな入力

かな入力は、キーボードに書かれているひらがなの通りに
日本語を入力します。

第1章

ネット通販の基本知識を知ろう

この章で学ぶこと

- ネット通販のしくみを知っていますか?
- ネット通販は何が便利なのか知っていますか?
- ネット通販の注意事項を知っていますか?
- ネット通販をするために必要なものがわかりますか?
- アマゾンと楽天について知っていますか?

インターネット通販のしくみを知ろう

買い物をする前に知っておきたい基本知識を紹介します。
インターネット通販のしくみを確認しましょう。

ネット通販って何?

インターネットには、洋服や食品などの買い物ができるホームページがあります。
これを**ネットショップ**といいます。ネットショップを利用すると、家にいながら買い物を楽しむことができます。
パソコンやスマートフォンなどを使って買い物をすることを**ネット通販**や**オンラインショッピング**などといいます。

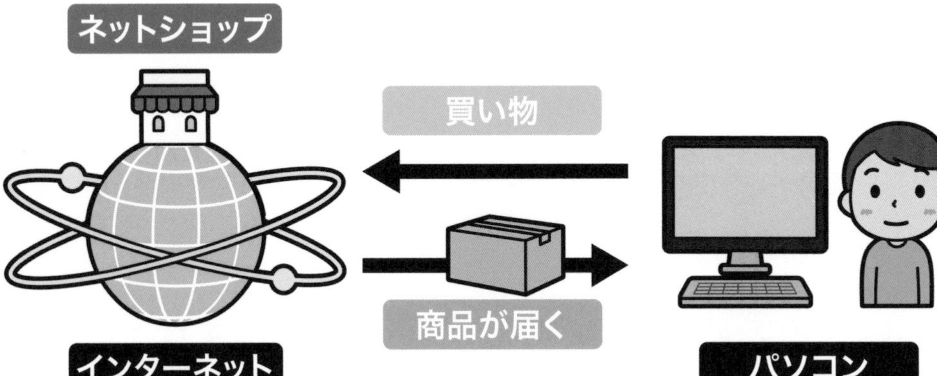

どうやって支払うの?

インターネットで買い物をするときは、
主に次の方法でお金を支払います。

- **クレジットカード(注文時に決済します)**
- **商品代引き(商品配達時に支払います)**
- **銀行振込(商品発送前に振り込みます)**
- **コンビニ決済(各ストアによって異なります)**

この本では、クレジットカードを
利用した支払い方法を解説するよ!

どうやって送られてくるの?

インターネットで買い物をした商品は、
主に次の方法で送られてきます。

- **宅配便**
- **郵便**
- **コンビニなどで受け取り**

この本では、宅配便を使った
受け取り方法を解説します!

ネット通販の便利なことを知ろう

ネット通販を利用すると何が便利なのか紹介します。
また、ネット通販をお得に利用する方法を知りましょう。

ネット通販で便利なこと

ネット通販を利用すると、次のような便利なことがあります。

- 家にいながら好きな時に商品を購入できる
- 商品を家に届けてもらえるので、重いものを運ぶ手間が省ける
- 日本全国の特産品や名産品などを購入できる

ネット通販で不便なこと

ネット通販を利用するには、次のような不便なことがあります。

- 商品を手に取って見ることができない
- 商品の返品に手間がかかる
- 個人情報やクレジットカードなどのセキュリティが心配

本書では、アマゾンと楽天という信頼できるネットショップを利用するので安心してね！

ネット通販をお得に使うには

ネット通販では、次のようなお得なサービスを利用できます。

- 買い物サイトによっては、セール期間などがある
- 買い物サイトによっては、独自のポイント制度がある
- 貯まったポイントを使って商品を購入できる

本書ではポイントを使った買い物方法も紹介しています！

ネット通販は危なくないの?

ネット通販というと危険なイメージを持っている人も多いでしょう。
ここでは、ネット通販を利用するときの注意事項を確認しましょう。

こんな使い方は危険!

インターネット上には、悪意のある人が作った**偽の買い物サイト**や、支払いに使う**クレジットカードの情報**を盗もうとする人がいます。ネット通販をするときは、次のような点に注意しましょう。

- **大手の買い物サイトを利用する**
- **不特定多数の人が使用するパソコンで買い物をしない**
- **大手の買い物サイトと称した偽のメールに注意する**

自宅のパソコンを使って、
アマゾンや楽天を利用して
おけばひとまず安心です!

クレジットカードの支払いは大丈夫?

ネット通販でクレジットカードを利用することに
不安を持つ人も多いでしょう。
ただし、本書で紹介するような**大手の買い物サイト**では、
安全に買い物ができるように、さまざまな**セキュリティ対策**が
行われています。

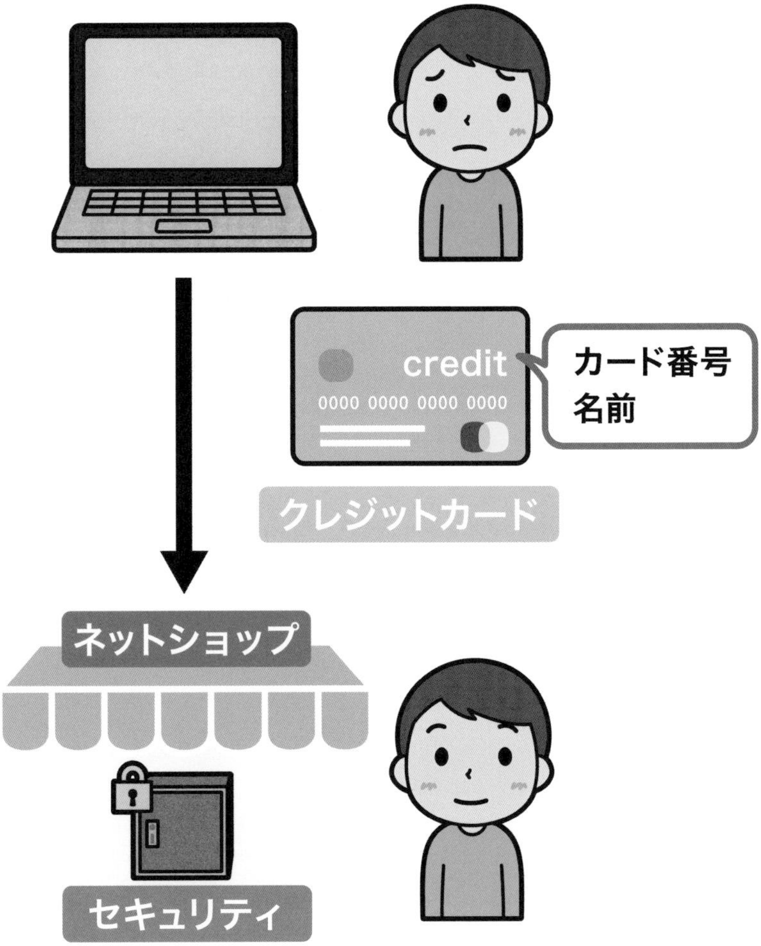

ネット通販に必要なものを準備しよう

ネット通販をするために、必要なものを紹介します。
また、ネット通販で買い物をする流れを確認しましょう。

準備するもの

本書では、次のものを使用してネット通販で買い物を行います。
インターネットに接続できる**パソコン**が必要です。
買い物のやりとりは、**メール**を利用します。
支払いには、**クレジットカード**を利用します。

- **パソコン**
- **ホイール付きマウス**
- **クレジットカード**

ネット通販の買い物の流れ

ネット通販は、次のような方法で行います。
全体の流れをイメージしましょう。

1 パソコンでネットショップのホームページを開く

▼

2 ネットショップのユーザー登録を行う

▼

3 住所やクレジットカードなどの情報を登録する

▼

4 商品を探す

▼

5 商品を購入する

▼

6 商品が届く

ひとつひとつゆっくりと解説していくので、安心して買い物ができますよ！

アマゾンと楽天について知ろう

本書では、アマゾンと楽天という2つの買い物サイトを紹介します。
それぞれのサイトについて知りましょう。

アマゾンとは

アマゾン（Amazon）は、1995年にアメリカで本の販売を開始したネットショップで、世界でもっとも多くの人に利用されています。本以外にも、家電、食品、ファッション、おもちゃなど、さまざまな商品を扱っています。

楽天とは

楽天（楽天市場）は、日本で生まれたネットショップです。
楽天には、いろいろなお店が出店しています。
インターネット上の大型ショッピングモールのようなイメージです。

どっちを使えばいいの？

アマゾンでも楽天でも、さまざまな商品を購入できます。
購入する商品にもよりますが、たとえば、
本や小さな家電などは、アマゾンを利用した方がよいでしょう。
日本各地の**名産品や食品**などは、楽天の方が種類が豊富で
見つけやすいこともあります。

コラム 買い物サイトにはいろいろある

本書では、「アマゾン」と「楽天」という2つの買い物サイトを紹介しますが、ネット通販には、企業やお店が運営しているもの、個人で運営しているものなどたくさんあります。
ここでは2つの代表的な買い物サイトを紹介します。

● ZOZOTOWN

日本の株式会社ZOZO(ゾゾ)が運営する、ファッション専門の買い物サイトです。数多くのファッションブランドの洋服や靴などを購入できます。

● Yahoo! ショッピング

日本のYahoo! JAPANが提供する、インターネット上のショッピングモールです。楽天のように、いろいろなお店が出店しています。

第2章

アマゾンで買い物をする準備をしよう

この章で学ぶこと

- アマゾンのホームページを表示できますか?
- アマゾンのアカウントを作成できますか?
- 商品を届けてもらう住所を登録できますか?
- クレジットカード情報を登録できますか?
- アマゾンにログインできますか?

アマゾンのホームページを表示しよう

インターネットでアマゾンのホームページを見てみましょう。
ホームページを見るには、ブラウザーのEdgeというアプリを使います。

操作
移動 ▶P.012
左クリック ▶P.013
入力 ▶P.016

1 ブラウザーを起動します

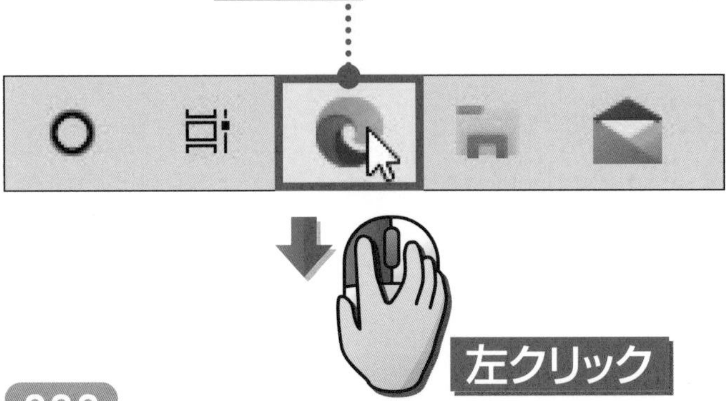

Edge

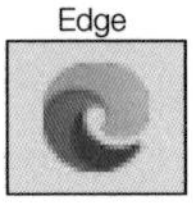

に

カーソル
を移動して、

左クリックします。

インターネットを表示するアプリはEdge（エッジ）といいます。

2 ブラウザーが起動しました

ブラウザーが起動しました。

3 ブラウザーを大きく表示します

ブラウザーの画面が

小さい場合は、

最大化 □ を

左クリックします。

次へ

4 ブラウザーが大きく表示されました

ブラウザーの画面が大きく表示されました。

5 アドレスを入力する準備をします

アドレスバー

を

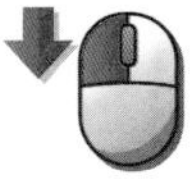

左クリックします。

画面右下に A が表示されていることを確認します。

ポイント！

あ が表示されている場合は、16ページを参考にして A を表示します。

6 アマゾンのアドレスを入力します

「www.amazon.co.jp」と入力して、

キーを押します。

ポイント！

「.」（ドット）は る（る）のキーを押して入力します。

7 アマゾンが表示されました

アマゾンのホームページが表示されました。

アカウントを作成しよう

アマゾンで商品を購入するには、アカウントが必要です。
メールアドレスとパスワードを登録します。

操作
移動 ▶P.012
左クリック ▶P.013
入力 ▶P.016

1 アカウントを作成します

32ページの方法で、アマゾンのホームページを表示しておきます。

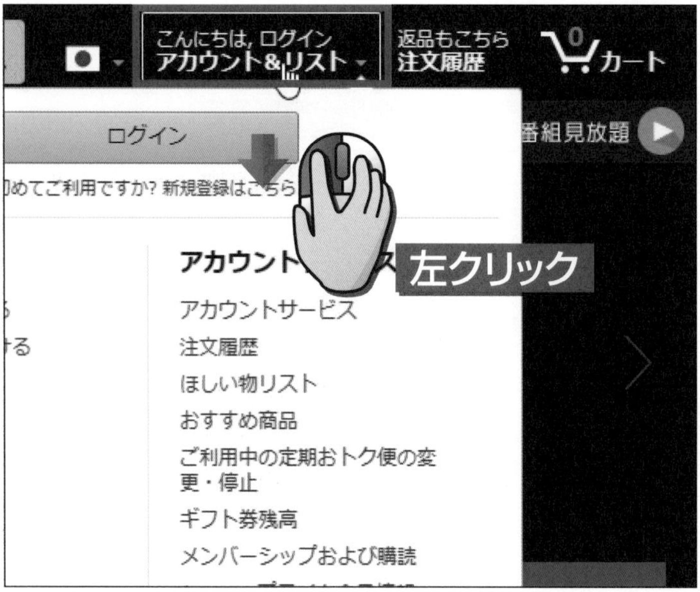

こんにちは, ログイン アカウント&リスト に

《カーソル》を移動して、

左クリックします。

ポイント!

技評太郎さん のように氏名が表示されている場合は、アカウントを作成済みなので、このページの操作は不要です。

2 アカウントの情報を入力します その1

Amazonアカウントを作成する に

《カーソル》を移動して、

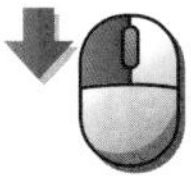左クリックします。

ポイント！

あらかじめ、普段利用しているメールアドレスを用意しておきましょう。

3 アカウントの情報を入力します その2

名前 と

フリガナ に、

名前を漢字で、

フリガナをカタカナで

入力します。

次へ

4 メールアドレスを入力します

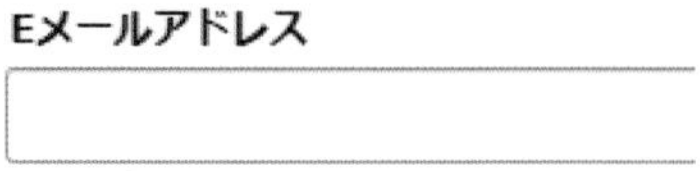

に、

メールアドレスを

入力します。

5 パスワードを入力します その1

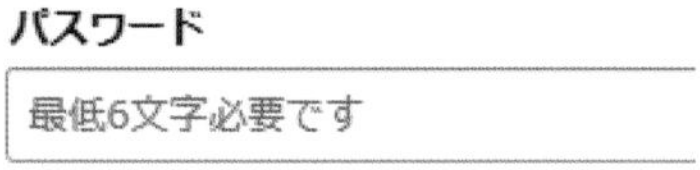

に、

パスワードを

入力します。

ポイント！

パスワードは、6文字以上の英数字を指定できます。

6 パスワードを入力します その2

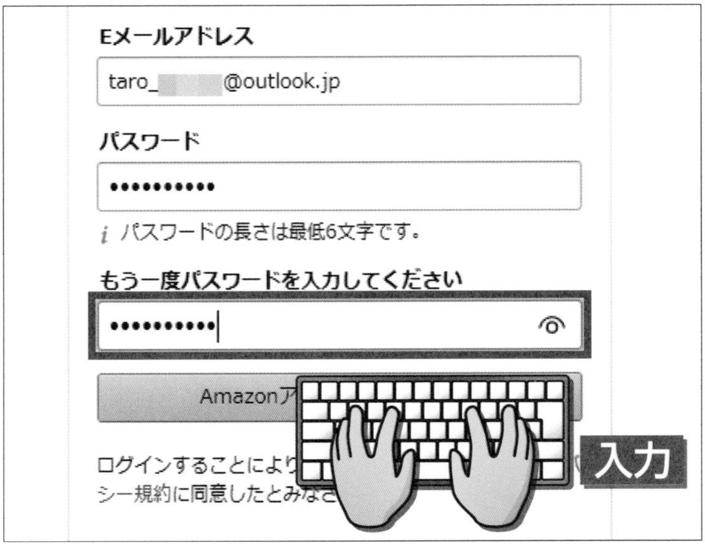

もう一度パスワードを入力してください に、

もう一度同じパスワードを

入力します。

7 アカウントを作成します

Amazonアカウントを作成する を

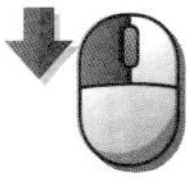

左クリックします。

ポイント!

このあと、「パスワードを保存」の確認画面が表示された場合は、 なし を左クリックします。

次へ

8 メールアプリを起動します

38ページで入力したメールアドレスを利用しているメールアプリを起動します。

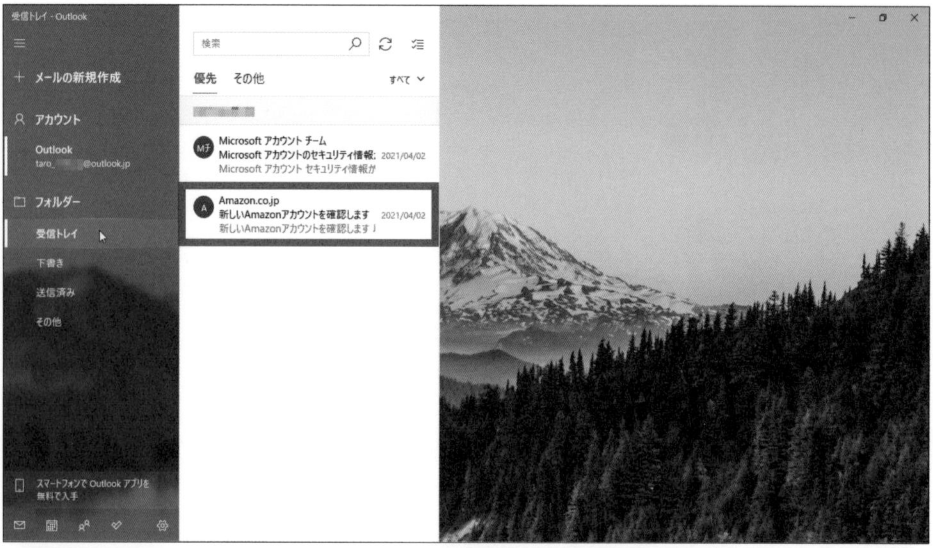

9 認証コードを確認します

アマゾンからメールが届くので、メールを開いて、中に書かれた認証コードを確認します。

10 認証コードを入力します

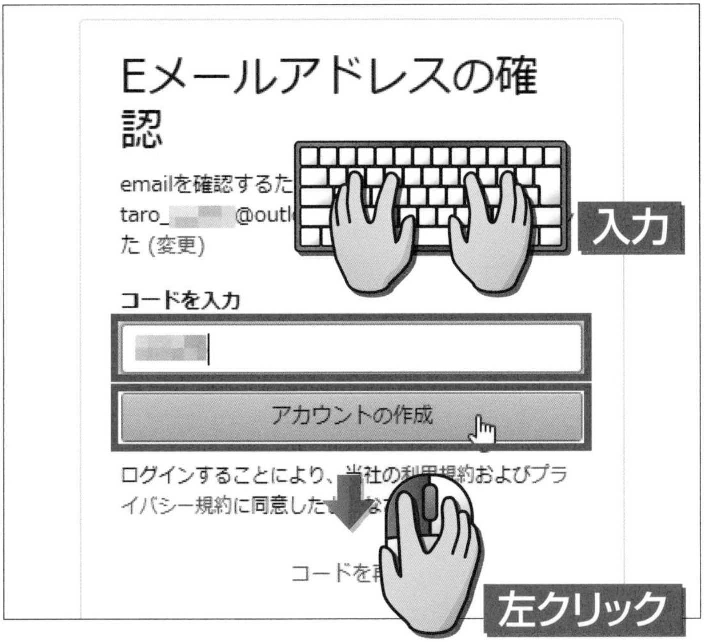

アマゾンのホームページに戻って、メールアドレスに届いた認証コードを入力します。

アカウントの作成 を左クリックします。

11 アカウントが作成できました

元の画面に戻ります。

アマゾンのアカウントが作成できました。

技評太郎さん アカウント&リスト に登録した名前が表示されたことを確認します。

住所を登録しよう

商品を届けてもらうときの住所を登録します。
商品を購入する前に、住所を登録しておきましょう。

操作

移動 ▶P.012
左クリック ▶P.013
入力 ▶P.016

1 アカウント情報を確認します

技評太郎さん アカウント&リスト に《カーソル》を移動して、左クリックします。

ポイント！

こんにちは, ログイン と表示されている場合は、50ページの方法でアマゾンのホームページにログインします。

2 アドレス帳を選択します

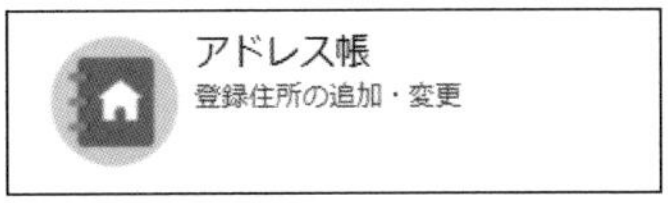

に

カーソル
を移動して、

左クリックします。

3 住所を追加する準備をします

に

カーソル
を移動して、

左クリックします。

次へ

4 住所を入力します その1

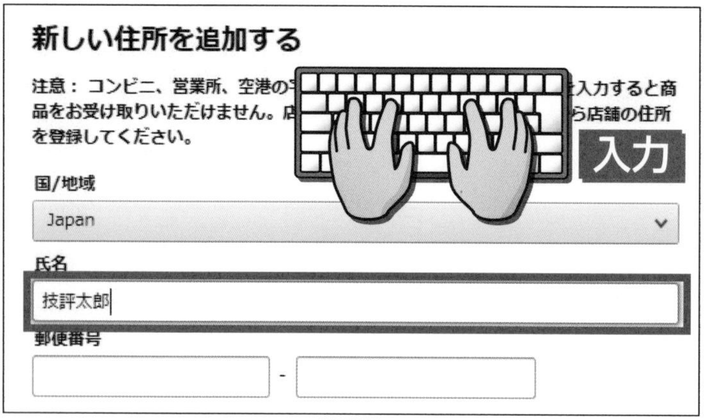

に、

自分の名前を漢字で

入力します。

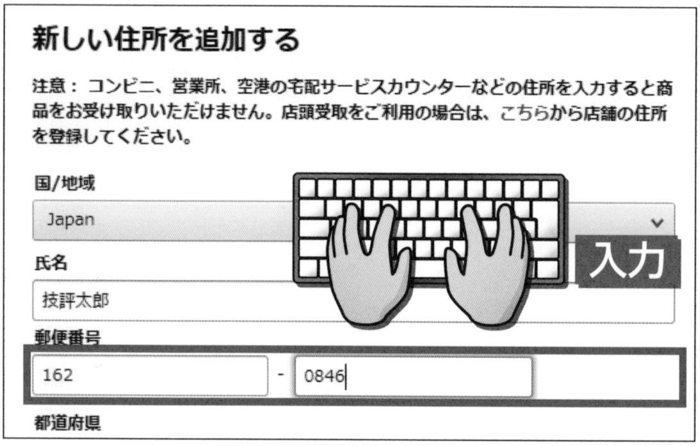

に、

郵便番号を半角数字で

入力します。

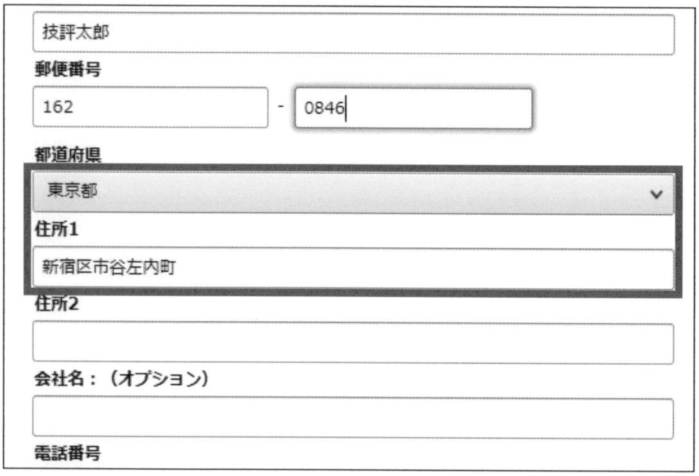

郵便番号の情報を元に、自動的に都道府県や住所１が入力されます。

ポイント！

都道府県を修正する場合は、［都道府県を選択してください］をクリックして正しい都道府県名を選びます。

5 住所を入力します その2

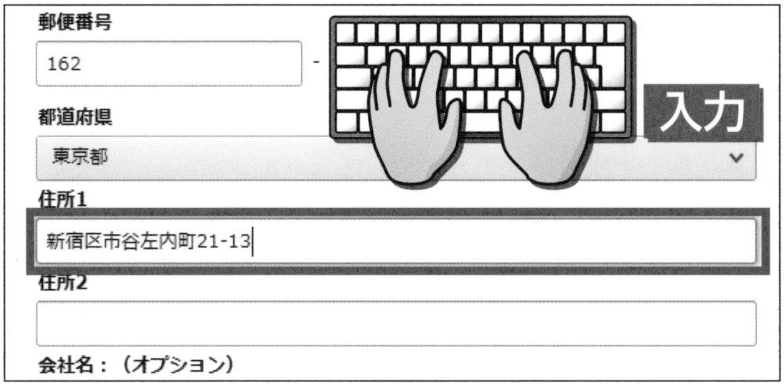

住所1 に、住所の続きを入力します。

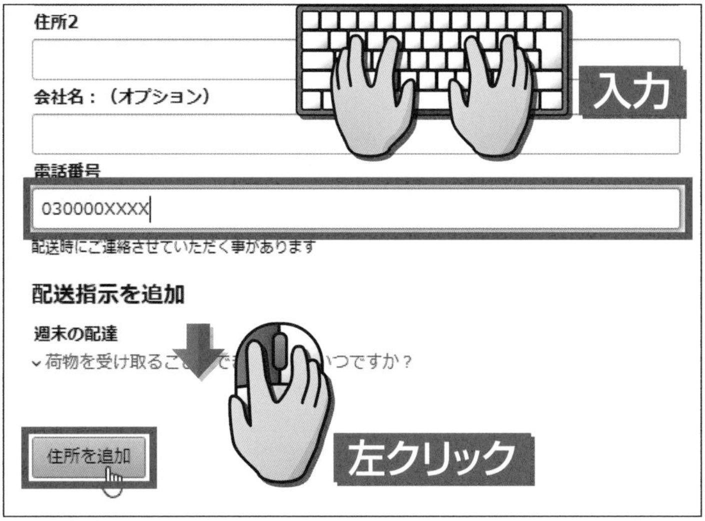

電話番号 に、電話番号を入力します。

住所を追加 を左クリックします。

✓ 住所が保存されました の表示を確認します。

amazon.co.jp を左クリックして、最初の画面に戻ります。

クレジットカードを登録しよう

商品の支払いに使うクレジットカードを登録します。
商品を購入する前に、クレジットカードを登録しておきましょう。

操作 移動 ▶P.012 左クリック ▶P.013 入力 ▶P.016

1 クレジットカードを用意します

クレジットカードを用意します。
必要な情報は
カード番号、有効期限、名義人です。
全て半角英数字で入力します。

ポイント!

「有効期限」は月→年の順に並んでいます。

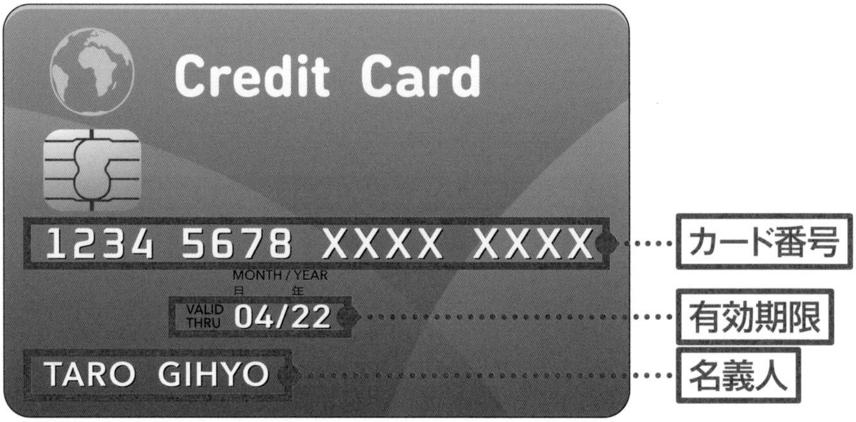

2 クレジットカードを追加します

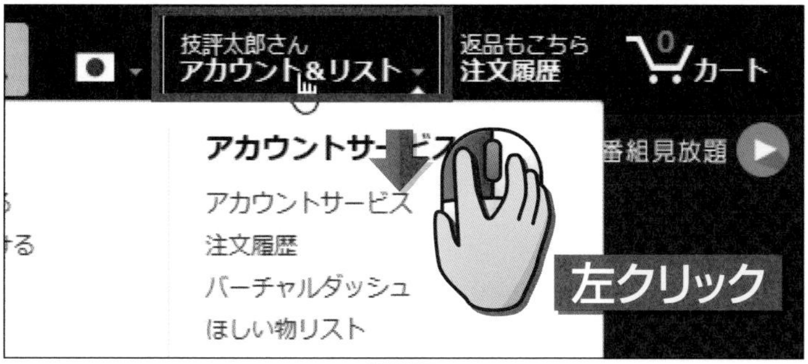

技評太郎さん アカウント&リスト に

《カーソル》を移動して、

左クリックします。

お客様の支払い方法 支払い方法と設定の管理、残高とオファーの表示 に

《カーソル》を移動して、

左クリックします。

クレジットまたはデビットカードを追加 に

《カーソル》を移動して、

左クリックします。

次へ

3 カード番号と名義人を入力します

に

カード番号を、

に

名義人を

入力します。

ポイント！

カード番号と名義人は半角英数字で入力します。

4 有効期限を選択します

を

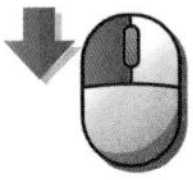左クリックして、

有効期限を月と年それぞれ選択します。

5 クレジットカード情報を登録します

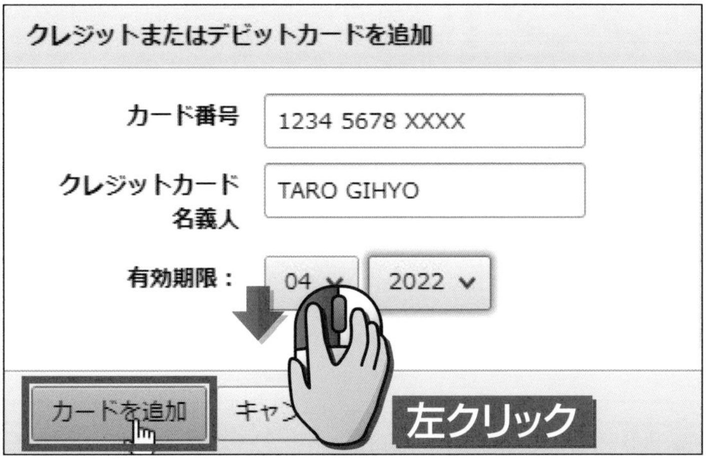

カードを追加 を

左クリックします。

左の画面が

表示された場合は、

この住所を使用 を

左クリックします。

これで、

クレジットカード情報が

登録されました。

amazon.co.jp を

左クリックして、

最初の画面に戻ります。

アマゾンにログインしよう

アマゾンで買い物をするには、アマゾンにログインする必要があります。
アマゾンにログインする方法を覚えましょう。

操作　移動 ▶P.012　左クリック ▶P.013　入力 ▶P.016

1 ログインする準備をします

36ページの方法でアカウントを作成したにも関わらず、
画面右上に名前が表示されていない場合はログインできていません。

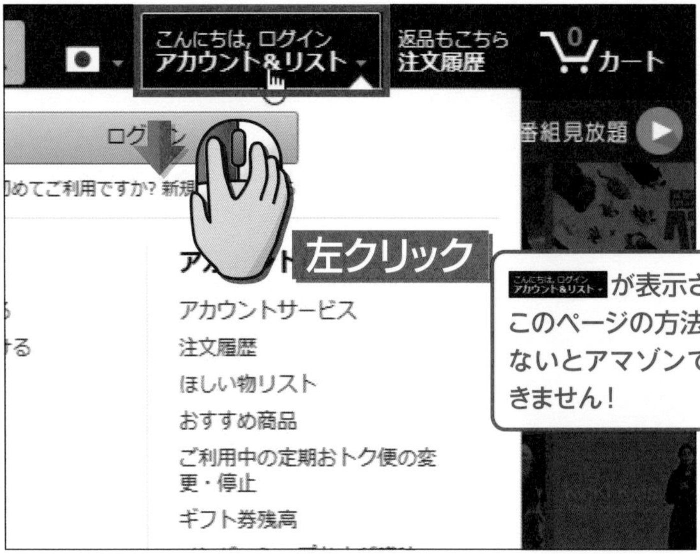

こんにちは, ログイン アカウント&リスト を左クリックします。

こんにちは, ログイン アカウント&リスト が表示されていたら、このページの方法でログインしないとアマゾンで買い物ができません！

2 アドレスやパスワードを入力します

アマゾンのアカウント
として登録した
メールアドレスを
入力します。

に
《カーソル》を移動して、
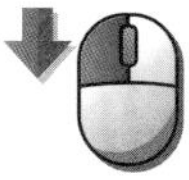左クリックします。

38ページで
登録したパスワードを
入力します。

次へ

3 アマゾンにログインします

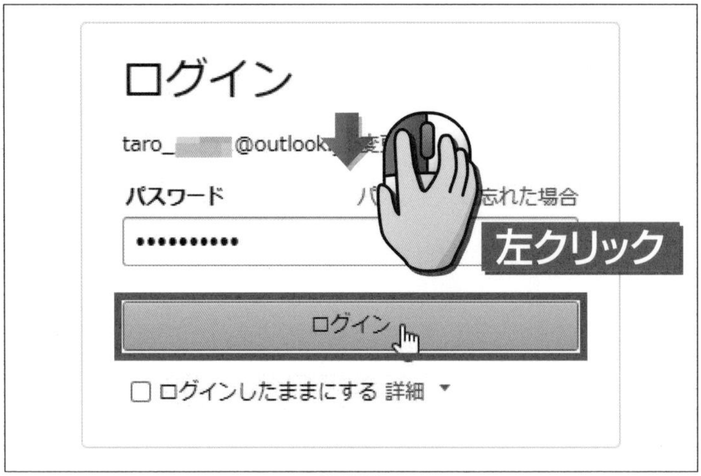

ログイン に

カーソルを移動して、

左クリックします。

後で に

カーソルを移動して、

左クリックします。

ログインできると、
左の画面のように
名前が
表示されます。

第3章

アマゾンで購入したい商品を探そう

この章で学ぶこと

- キーワードで商品を検索できますか?
- 検索結果をカテゴリーで絞り込めますか?
- キーワードを追加して絞り込めますか?
- 商品の詳しい情報を表示できますか?

購入したい商品をキーワードで探そう

アマゾンで購入する商品を探しましょう。
ここでは、キーワードを入力して商品を探します。

操作 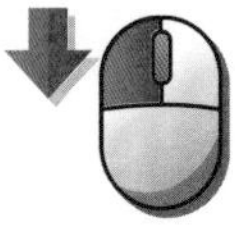 左クリック ▶P.013  入力 ▶P.016

1 検索する準備をします

32ページの方法で、アマゾンのホームページを表示しておきます。

「すべて ▾」の右側の「　　」を左クリックします。

2 キーワードで検索します

商品を検索するための
キーワードを
入力します。

ポイント!

ここでは、キャンプに関する本を探します。キーワードに「キャンプ」と入力しています。

を
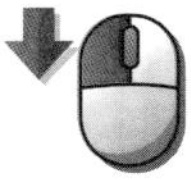左クリックします。

商品の検索結果が
表示されます。

検索結果の画面を確認しよう

キーワードを入力して検索すると、検索結果が表示されます。
アマゾンの検索結果の画面を見てみましょう。

検索結果を確認します

54ページの方法で商品を検索すると、検索結果が表示されます。

検索結果画面の見方

検索結果画面は、次のようになっています。

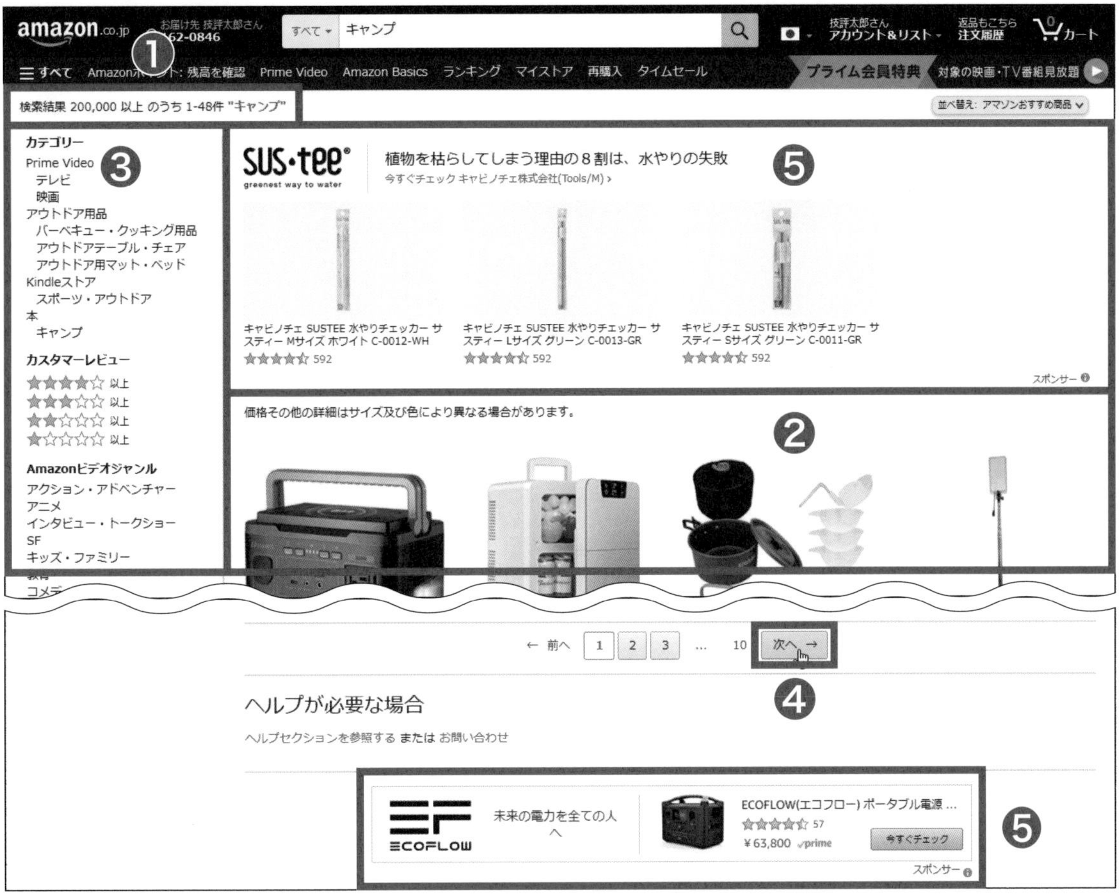

❶ 検索件数

検索件数が表示されます。

❷ 商品一覧

商品が一覧表示されます。

❸ サイドバー

商品を絞り込むための項目が表示されます。

❹ 「次へ」ボタン

検索結果を次のページに切り替えるボタンです。

❺ 広告

検索した商品に関する広告は スポンサー ⓘ というアイコンがついて表示されます。

カテゴリーで検索結果を絞り込もう

検索した結果、商品が多く表示された場合は、
商品のカテゴリーを使って絞り込みます。

操作 移動 ▶P.012 左クリック ▶P.013

1 検索結果を表示します

54ページの方法で、商品の検索結果の画面を表示しておきます。

すべて を

左クリックします。

アマゾンはもともとネット書店なので、本を買うのに便利です!

2 カテゴリーを選択します

本 に

《カーソル》を移動して、

左クリックします。

を

左クリックします。

カテゴリーを「本」に絞り込んだ結果が表示されます。

ポイント！

画面の上部には、スポンサー がついた広告が表示されます。マウスのホイールを回転し、画面の下を表示しましょう。

キーワードを追加して検索結果を絞り込もう

キーワードを追加して商品を絞り込むことができます。
検索ボックスに、複数のキーワードを入力します。

操作 左クリック ▸P.013 入力 ▸P.016

1 キーワードを追加する準備をします

58ページの方法で、商品の検索結果の画面を表示しておきます。

本 ▾ キャンプ の文字の後ろを左クリックします。

1つのキーワードでは商品を絞り込むのは難しいです。半角の空白を入れて、2つ以上のキーワードを使うと目的の商品が探しやすいです！

2 キーワードを追加します

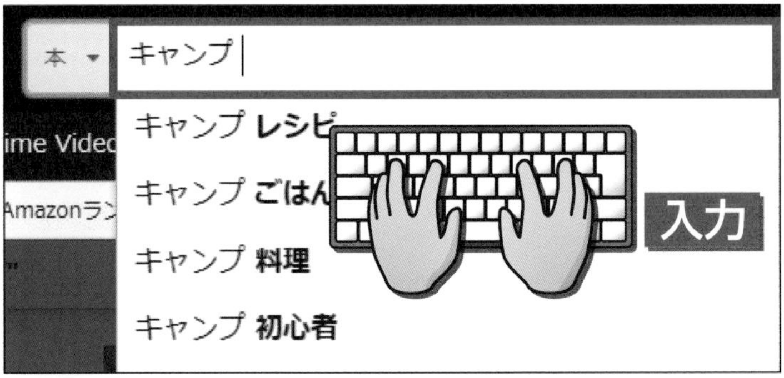

《スペース》キーを押して、空白を入力します。

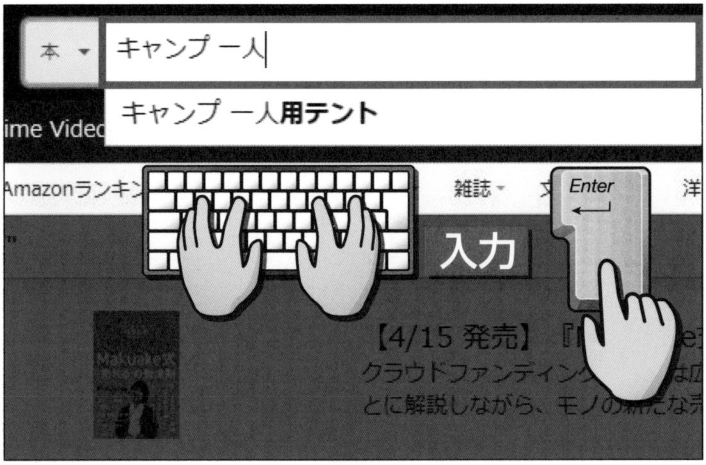

2つ目のキーワード（ここでは「一人」）を入力します。

《エンター》キーを押します。

「キャンプ」「一人」という2つのキーワードで絞り込んだ結果が表示されます。

購入したい商品を詳しく見てみよう

検索結果を絞り込めたら、購入したい商品を左クリックして、
商品の情報を詳しく見てみましょう。

操作 移動 ▶P.012 左クリック ▶P.013

1 見たい商品を左クリックします

60ページの方法で、商品の検索結果の画面を表示しておきます。

詳しい情報を見たい商品に

カーソルを移動して、

左クリックします。

ポイント！

ここでは「一人を楽しむソロキャンプのすすめ」を左クリックしています。

2 商品の情報が表示されます

商品の詳細な情報が表示されます。

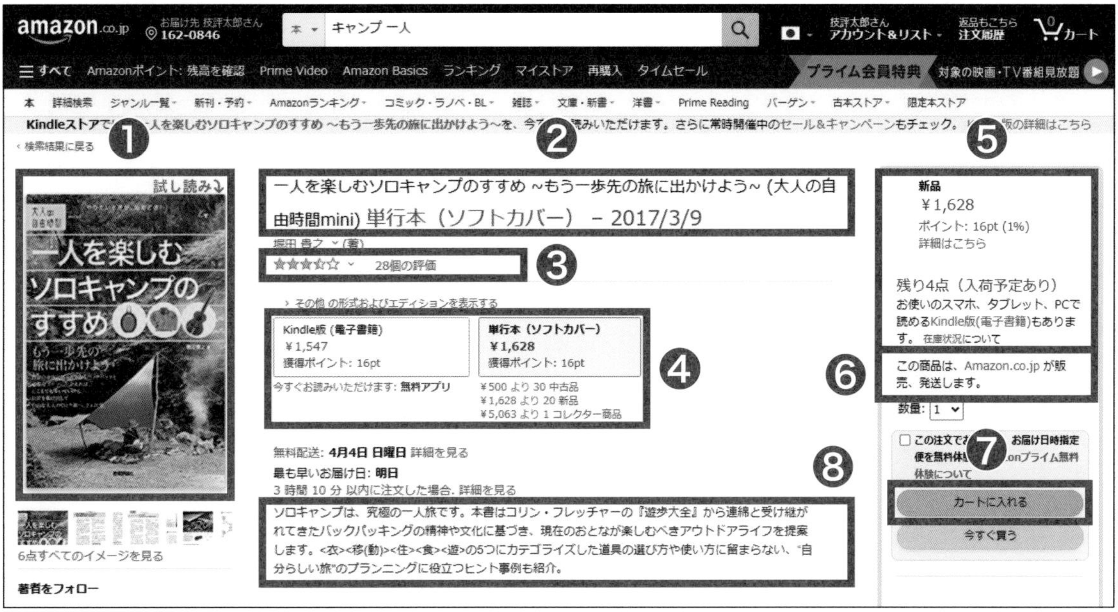

❶ 商品のイメージ写真
❷ 商品名
❸ レビュー数（この商品を購入した人の評価）
❹ 本の形式の種類（64ページ参照）
❺ 価格や在庫などの情報
❻ 商品を販売・発送する会社名など
❼「カートに入れる」ボタン
❽ 商品の説明

コラム　Kindle版って何?

本には、**Kindle版**と**単行本**（紙の本）の２種類があります。
Kindle版は、パソコンやスマートフォンで読むことのできる電子書籍です。
紙の本を購入したいときは単行本を選択し、
Kindle版を選ばないように注意しましょう。

4

第4章

アマゾンで注文しよう

この章で学ぶこと

- 商品をカートに入れることができますか?
- あとから商品をカートに追加できますか?
- カートに入れた商品を削除できますか?
- 注文を確定できますか?
- 配送状況を確認できますか?

カートに商品を入れよう

商品を購入するには、カートと呼ばれる場所に商品を入れます。
カートには、複数の商品を入れることができます。

操作 回転 ▶P.010 左クリック ▶P.013

1 商品の情報を表示します

62ページの方法で、購入する商品の詳細情報を表示します。
ネットショップで商品を購入する場合、
カート（買い物かご）というしくみを使います。

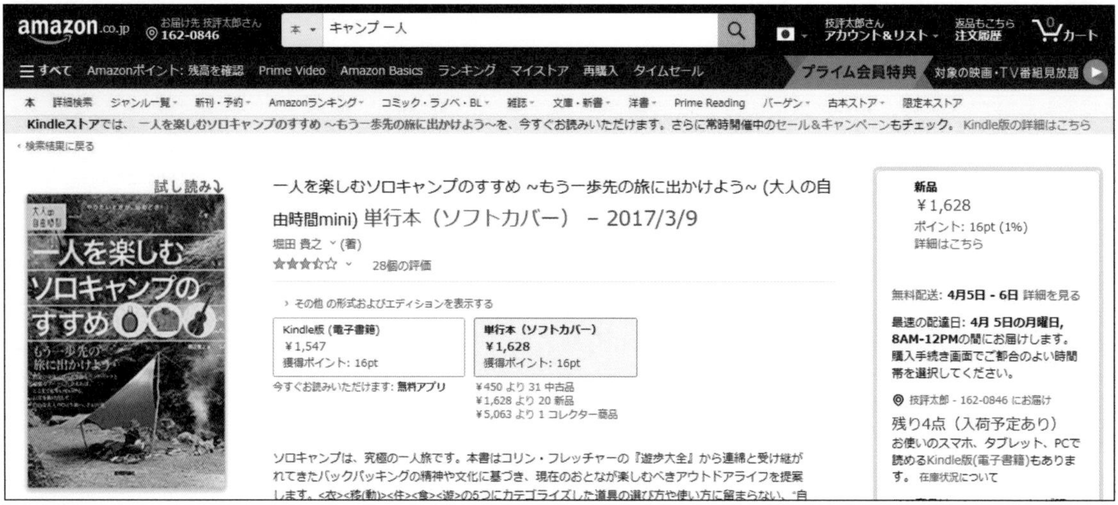

2 商品をカートに入れます

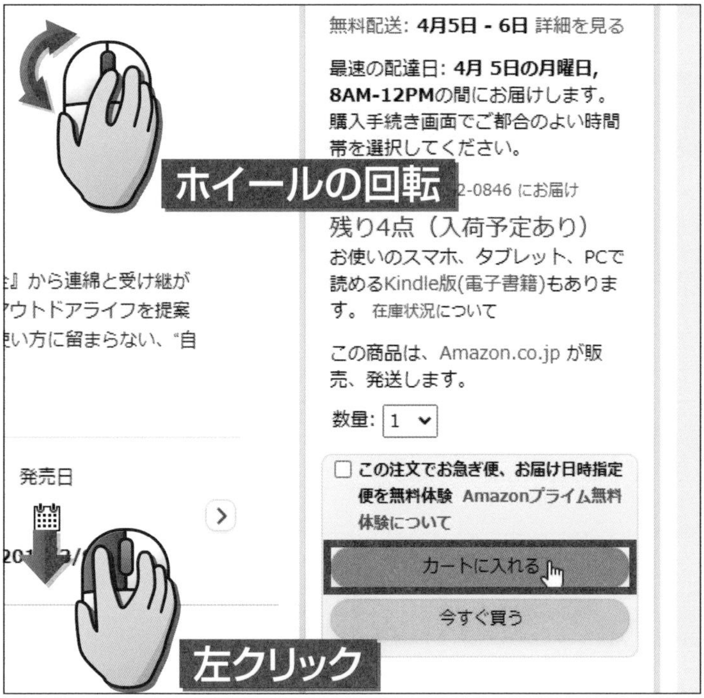

マウスのホイールを回転します。

カートに入れる を左クリックします。

ポイント!

ログイン画面が表示された場合は、38ページで登録したパスワードを入力して「ログイン」を左クリックします。

3 商品がカートに入ります

商品がカートに追加されました。

ポイント!

そのまま購入手続きに進む場合は70ページ、商品を追加する場合は68ページに進みます。

カートに商品を追加しよう

複数の商品を同時に購入するには、カートに商品を追加します。ここでは、他の本をカートに追加します。

操作　回転 ▶P.010　左クリック ▶P.013

1 注文したい商品を表示します

62ページの方法で、カートに追加したい商品の詳細情報を表示します。

1回の購入で2000円未満の場合は送料がかかる場合があります！

2 商品をカートに追加します

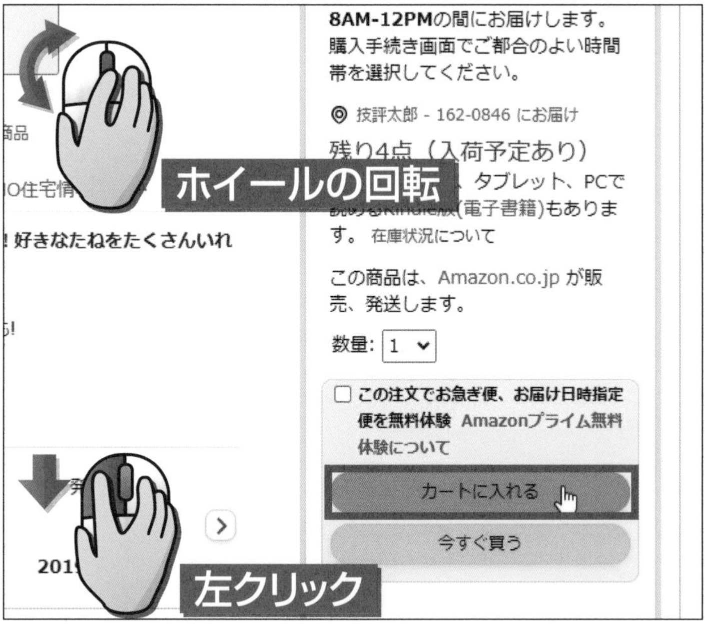

マウスのホイールを回転します。

カートに入れる を左クリックします。

3 商品がカートに追加されます

商品がカートに追加されました。

ポイント！

他にもカートに追加したい商品がある場合は、手順1と2の操作を繰り返します。

カートの商品を確認しよう

カートに商品を追加しただけでは、注文は完了していません。
購入する前に、カートに入っている商品を確認しましょう。

操作 移動 ▶P.012 左クリック ▶P.013

1 カートの商品を表示します

2 カート に

《カーソル》を移動して、

左クリックします。

ポイント!

2 カート に数字が入っている場合は、商品がカートに追加されています。0と表示される場合は商品がカートに入っていません。

2 カートの商品を確認します

カートの商品が表示されます。

カートの中の商品を削除したい場合は72ページに進みましょう！

このまま商品を購入したい場合は74ページに進んでください！

カートから不要な商品を削除しよう

カートに入れた商品の中から不要な商品を削除します。
レジに進んでいなければ、商品の入れ替えはかんたんです。

操作 左クリック ▶P.013

1 カートの商品を表示します

70ページの方法で、カートの商品を確認します。

2 商品を削除します

不要な商品の 削除 を 左クリックします。

ポイント！

数量: 1 を左クリックすると、商品の数を変更できます。詳しくは88ページを参照してください。

3 商品が削除されました

カートから商品が削除されました。

注文を確定しよう

カートの商品を確認して問題がなければ注文を確定します。
注文を完了すると、注文内容がメールで届きます。

操作

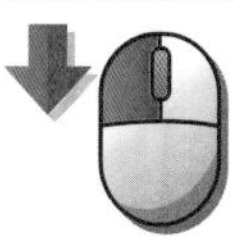

左クリック

▸P.013

入力

▸P.016

1 レジに進む準備をします

70ページの方法で、カートの商品を表示しておきます。

レジに進む を

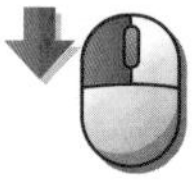

左クリックします。

ポイント!

アマゾンでは、注文金額が2000円に満たない場合は配送料がかかる場合があります。

2 ログイン画面が表示された場合

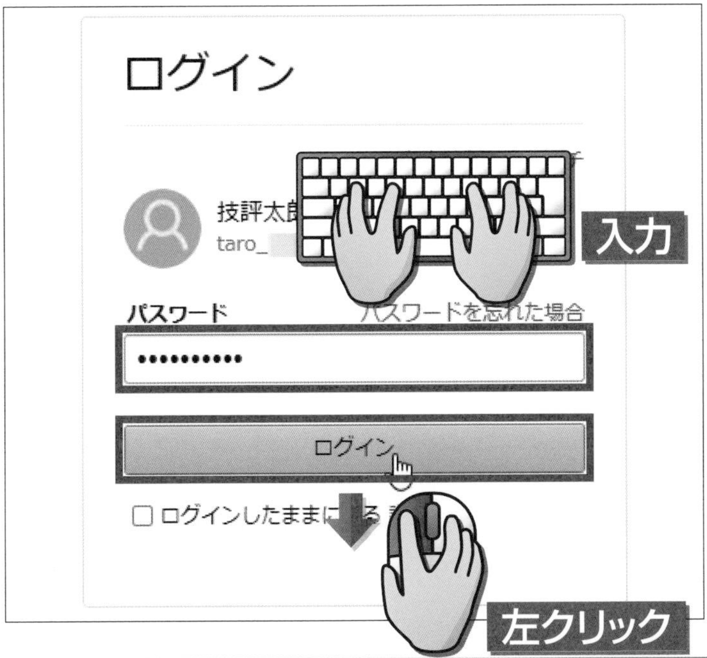

ログイン画面が表示された場合は、38ページで登録したパスワードを入力します。

を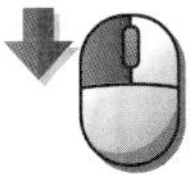左クリックします。

3 注文内容を確認する画面が表示されます

注文内容を確認する画面が表示されます。

次へ

4 注文内容を確認します

お届け先住所とお届け予定日を確認します。

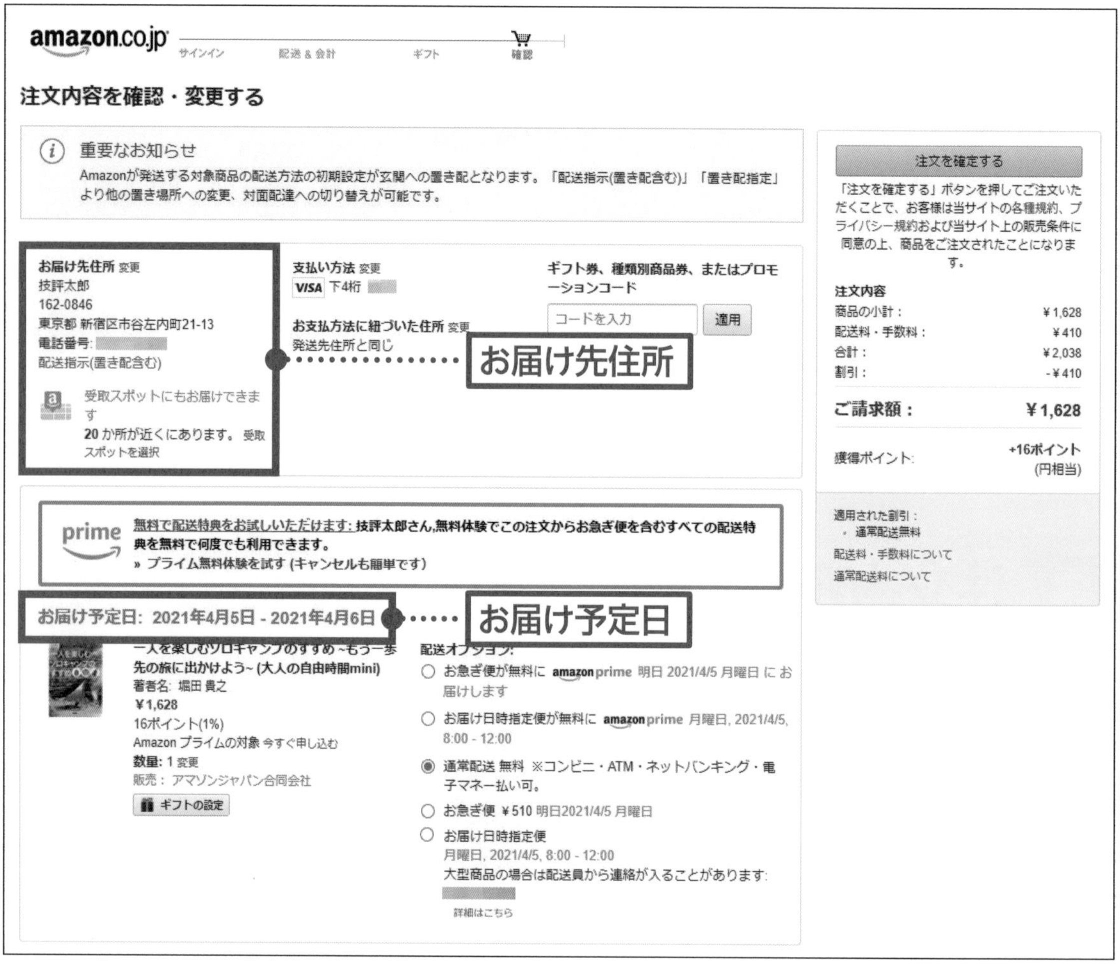

ポイント!

有料の「配送オプション」でお届け日を指定することもできます。

5 注文を確定します

注文を確定する を

左クリックします。

6 注文が完了します

注文が完了しました。

amazon.co.jp を

左クリックして、

最初の画面に戻ります。

ポイント！

注文が完了すると、登録したメールアドレスに、注文内容に関するメールが届きます。

配送状況を確認しよう

注文した商品の配送状況は、ホームページで確認できます。
アマゾンのホームページにログインした状態で操作します。

操作 移動 ▶P.012 左クリック ▶P.013

1 注文履歴を確認します

32ページの方法で、アマゾンのホームページを表示します。

返品もこちら 注文履歴 に

《カーソル》を移動して、

左クリックします。

2 配送状況を確認します

配送状況を確認したい商品の 配送状況を確認 を 左クリックします。

ポイント!

ログイン画面が表示された場合は、51ページの方法で、アマゾンのホームページにログインします。

3 配送状況が表示されます

商品の配送状況が表示されます。

次へ

4 元の画面に戻ります

amazon.co.jp に

《カーソル》を移動して、

左クリックします。

アマゾンの
最初の画面に
戻ります。

コラム 「置き配」って何?

76ページの手順4の画面にある「配送指示（置き配含む）」を左クリックすると、配送方法を指定できます。
「置き配」（置き配指定サービス）とは、配達員が対面で商品を手渡しせずに、指定された場所に商品を置くことです。
初期設定では、玄関への置き配が指定されていますが、宅配ボックスやガスメーターボックス、自転車のかごなど、希望の場所を指定できます。

第5章

アマゾンで困ったことを解決しよう

この章で学ぶこと

- サジェスト機能を利用してアマゾンのホームページを表示できますか?
- ポイントが利用できますか?
- 過去に購入した商品をもう一度購入できますか?
- プライム会員について知っていますか?
- プライム会員の入会/退会方法がわかりますか?
- パスワードを再設定できますか?

アマゾンをかんたんに表示しよう

一度表示したホームページは、2度目からはかんたんに表示できます。アドレスをすべて入力する手間が省けて便利です。

操作

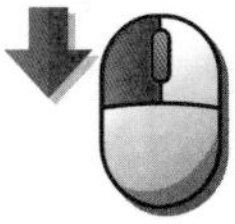

左クリック
▶P.013

入力
▶P.016

1 ブラウザーを起動します

32ページの方法で、ブラウザーを起動しておきます。

ポイント!

画面が小さい場合は、画面右上にある □ (最大化)を左クリックします。

2 アドレスバーを左クリックします

検索または Web アドレスを入力《アドレスバー》を左クリックします。

画面右下に A が表示されていることを確認します。

ポイント!

あ が表示されている場合は、16ページを参考にして A を表示します。

3 Delete キーを押します

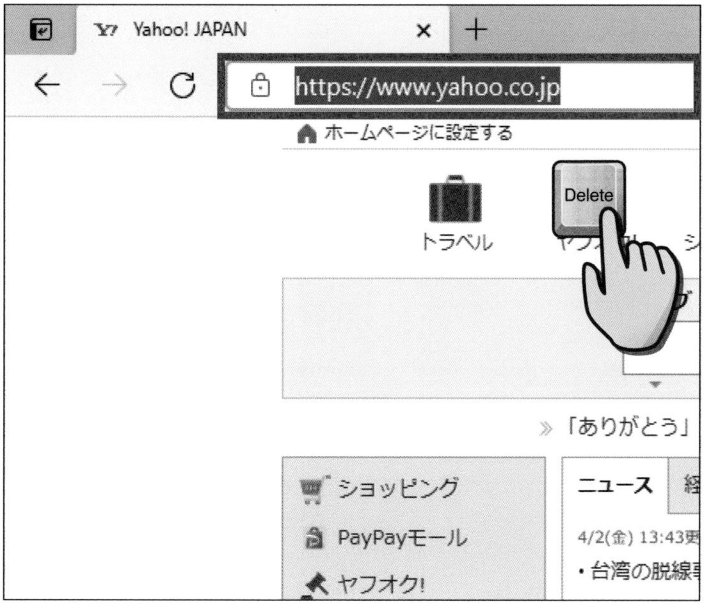

Delete《デリート》キーを押します。

ポイント!

アドレスバーが空欄の場合は、手順 5 に進みます。

次へ

4 アドレスバーの文字が消えます

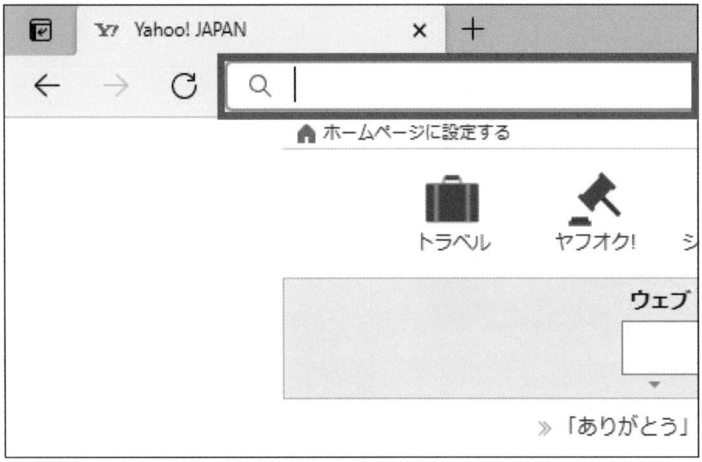

アドレスバーの文字が消えます。

5 「a」と入力します

「a」と

入力します。

「amazon.co.jp」と表示されたら、

《エンター》

キーを押します。

ポイント!

「a」と入力して「amazon.co.jp」と表示されない場合は、「a」の次に「m」と入力してください。

6 アマゾンが表示されました

アマゾンのホームページが表示されました。

コラム サジェスト機能とは

アドレスバーに文字を入力すると、入力した文字に続く候補が自動的に表示されます。この機能を**サジェスト機能**と呼びます。これにより、毎回長いアドレスを入力する手間を省くことができます。

定期おトク便と表示されたら

商品の中には定期おトク便が利用できるものがあります。
定期おトク便の内容と解除方法を知りましょう。

操作
移動 ▶P.012
左クリック ▶P.013

1 「定期おトク便」って何?

62ページの方法で商品の詳細情報を表示すると、
右側に「**定期おトク便**」表示される場合があります。
「定期おトク便」とは、日用品や消耗品などを
割引価格で定期的に届けてくれるサービスのことです。

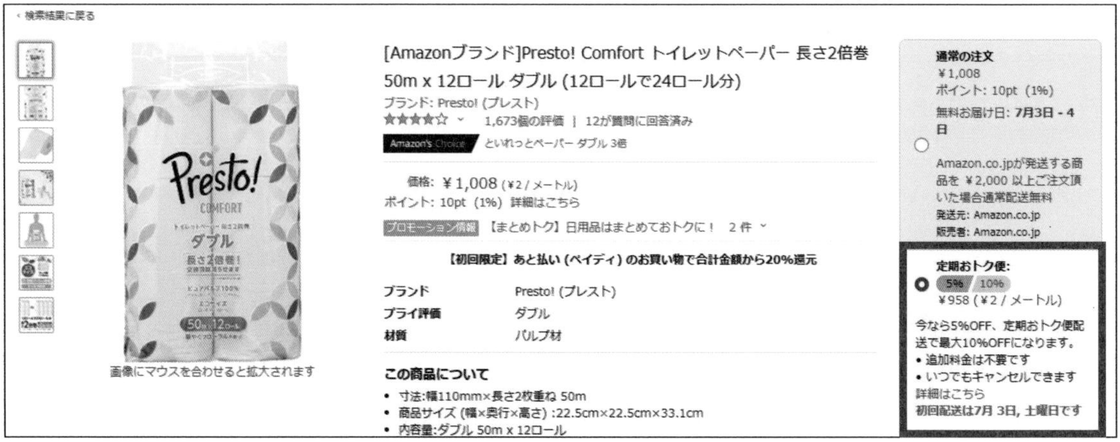

2 「定期おトク便」を解除する

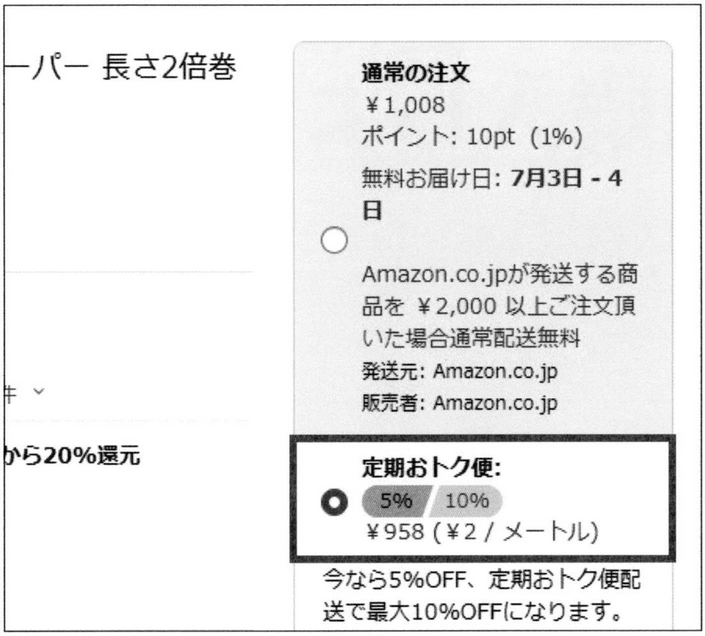

62ページの方法で、購入する商品の詳細情報を表示します。

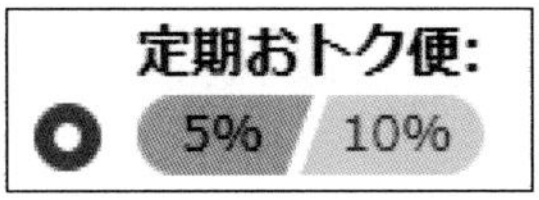

が選ばれていることを確認します。

通常の注文 の○に

《カーソル》を移動して、

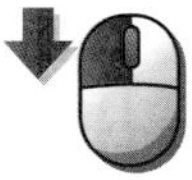左クリックします。

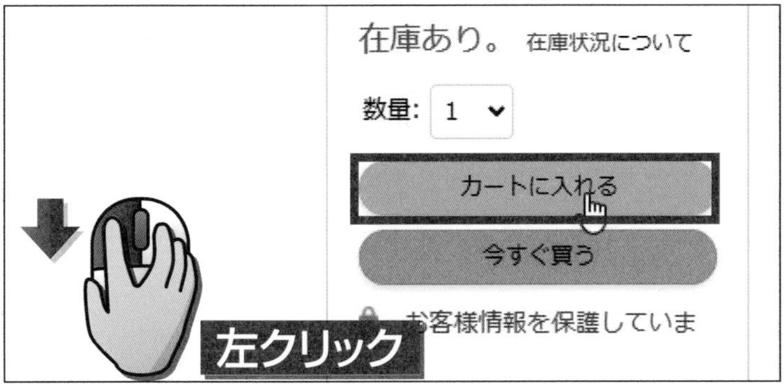

カートに入れる を

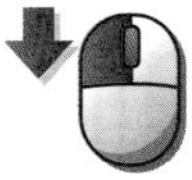左クリックします。

74ページの方法で、注文を確定します。

消耗品や日用品を複数購入しよう

消耗品や日用品はまとめて購入することが多いでしょう。
注文を完了する前であれば、注文数量を変更できます。

操作

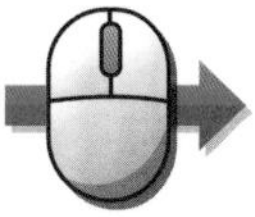

移動 ▶P.012

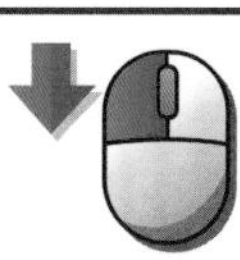

左クリック ▶P.013

1 カートの中を表示します

66ページの方法で商品をカートに入れて、70ページの方法でカートの中を確認します。

ポイント!

ここでは魚沼産コシヒカリ2kgを複数購入します。

2 注文数量を変更します

数量: 1 ∨ に

《カーソル》を移動して、

左クリックします。

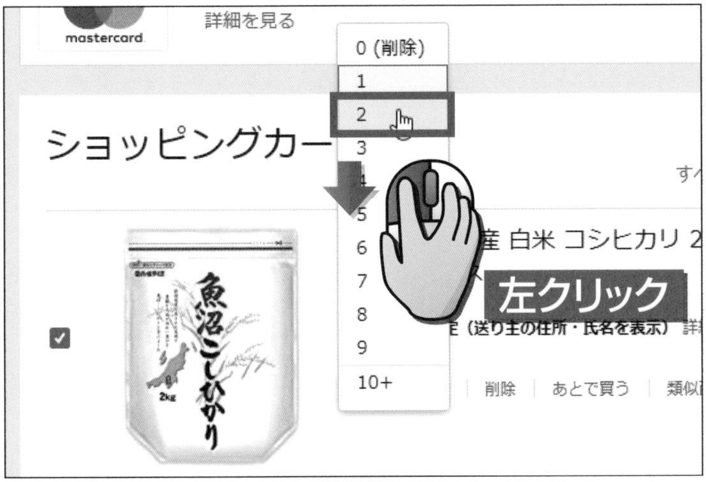

希望の注文数量を

左クリックします。

ポイント!

ここでは、商品の注文数量を「2」に変更します。

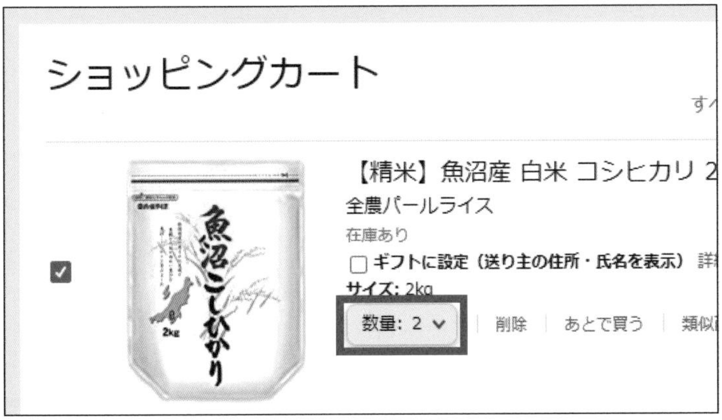

商品の注文数量が変更されました。

74ページの方法で、注文を確定します。

支払いにポイントを使おう

アマゾンで買い物をすると、自動的にポイントが貯まる場合があります。ポイントは、1ポイントを1円分として利用できます。

操作

左クリック ▶P.013

入力 ▶P.016

1 商品の注文画面を開きます

74ページの方法で、商品の注文画面を開いておきます。利用できるポイント数が表示されます。

2 ポイントを利用します

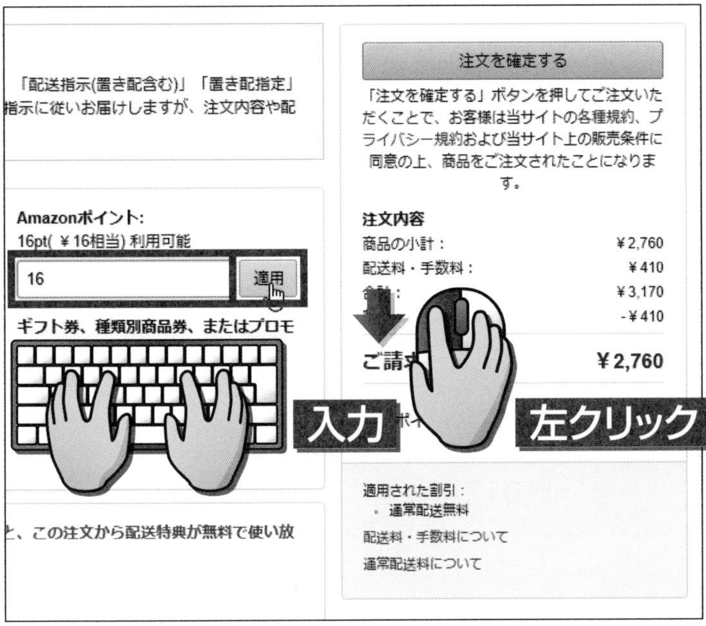

利用可能なポイントから利用するポイントを入力します。

適用 を左クリックします。

3 ポイントが適用されます

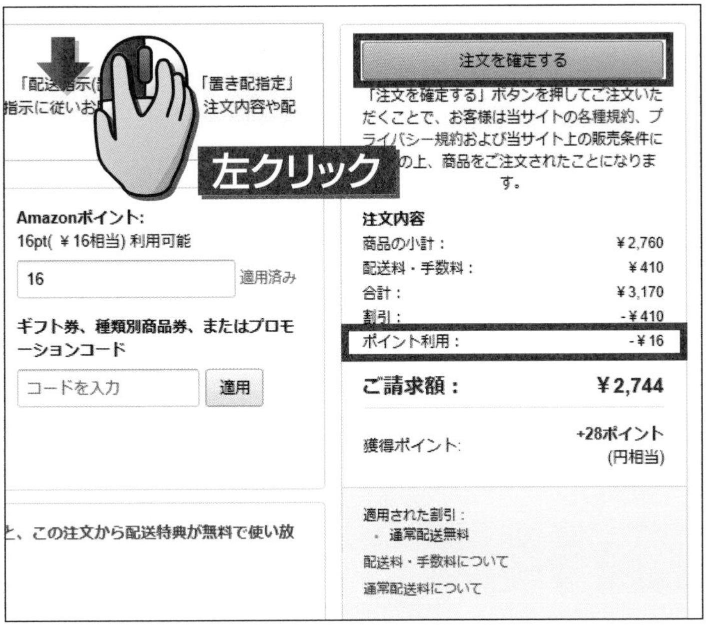

ポイントが適用されました。

注文を確定する を左クリックして、注文を完了します。

過去に購入した商品を再度購入しよう

消耗品は、何度もリピートして買うことが多いでしょう。
過去に購入した商品の一覧から、再度購入できます。

操作 移動 ▶P.012 左クリック ▶P.013

1 注文履歴を表示します

32ページの方法で、アマゾンのホームページを表示します。

返品もこちら 注文履歴 を

左クリックします。

2 注文履歴を確認します

注文 に

《カーソル》を移動して、

左クリックします。

3 注文履歴が表示されます

最新のものから順番に
注文履歴が
表示されます。

次へ

4 「再度購入」を左クリックします

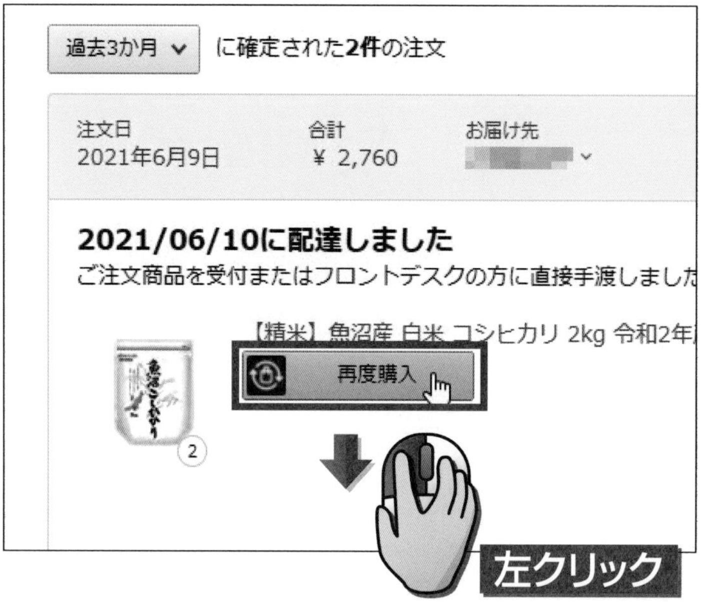

に

カーソルを移動して、

左クリックします。

5 注文履歴が表示されます

過去に注文して、
再度購入できる
商品の一覧が
表示されます。

6 商品をカートに入れます

再度購入したい商品の カートに入れる に

カーソル を移動して、

左クリックします。

7 商品を購入します

70ページの方法で、カートの商品を確認します。
74ページの方法で、レジに進んで商品を購入します。

間違って購入した商品をキャンセルしよう

間違って注文してしまっても、
操作の直後ならキャンセルできる場合があります。

操作

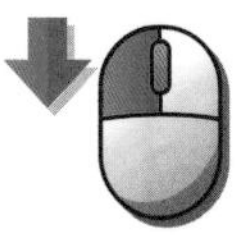

左クリック

▶P.013

1 注文履歴を表示します

92～93ページの方法で、注文履歴の画面を表示します。

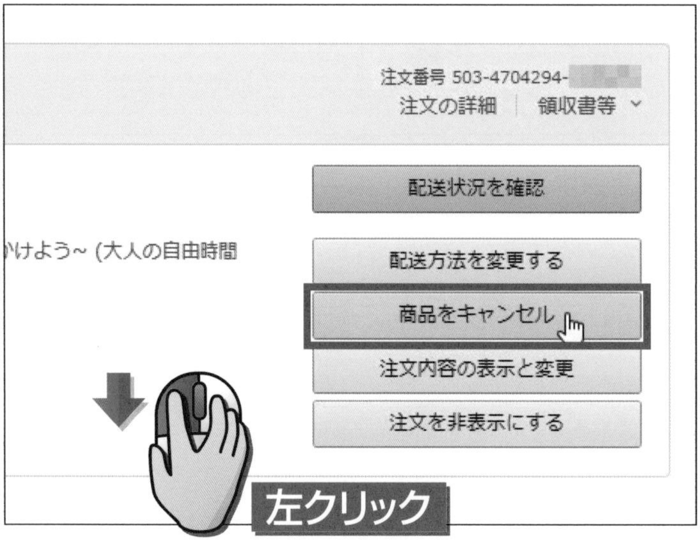

間違えて購入した商品の 商品をキャンセル を

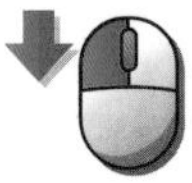

左クリックします。

ポイント！

商品の配送状況によっては、商品をキャンセル が表示されないこともあります。その場合は、商品のキャンセルはできません。

2 商品の購入をキャンセルします その1

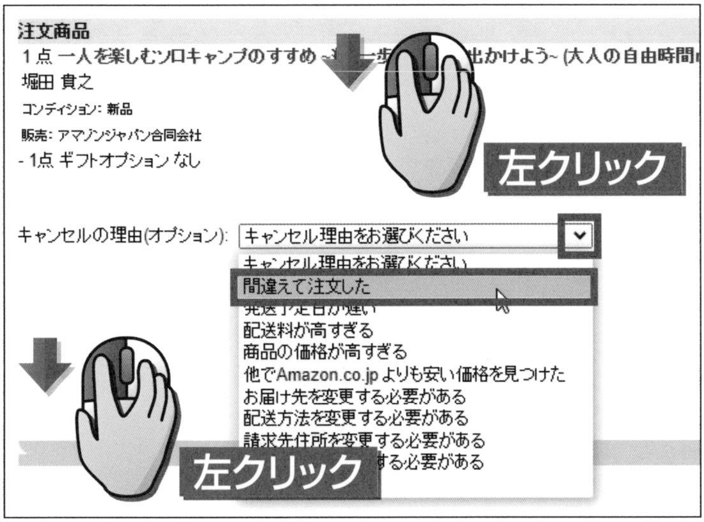

⌄ を

左クリックします。

キャンセルの理由を選びます。

間違えて注文した を

左クリックします。

3 商品の購入をキャンセルします その2

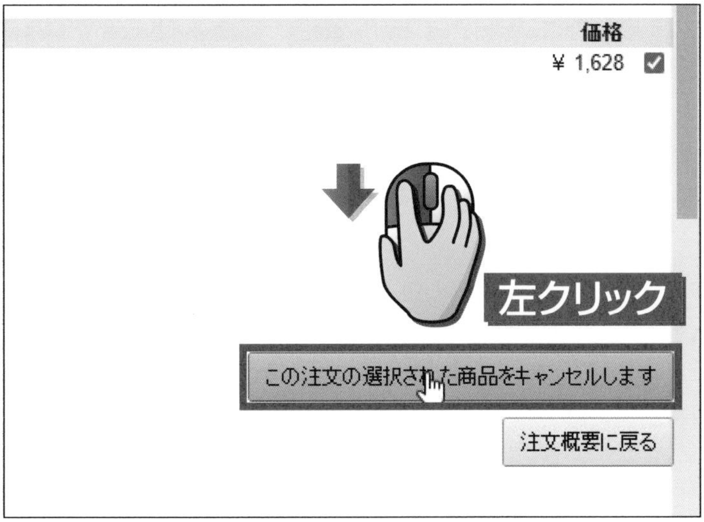

この注文の選択された商品をキャンセルします を

左クリックします。

これで購入をキャンセルできました。

ポイント!

注文をキャンセルできた場合は、アマゾンに登録したメールアドレスにメールが届きます。

アマゾンプライム会員って何?

アマゾンには、プライム会員というしくみがあります。
アマゾンプライム会員について知りましょう。

アマゾンプライム会員の会費について

36ページで登録したアマゾンのアカウントは無料で取得できます。アマゾンには**有料のプライム会員**というしくみがあります。アマゾンプライム会員になるには、会費を支払う必要があります。

- **月額プラン　500円(税込)**
- **年額プラン　4,900円(税込)**

(2021年6月時点)

アマゾンプライム会員の会費は、クレジットカード決済、携帯決済、アマゾンギフト券などで支払うことができます。

アマゾンプライム会員は有料制ですが、会員になると右ページのような特典があります!

プライム会員の特典

プライム会員になると、次のような特典を受けられます。

● **配送特典**

対象商品を早く届けてもらえるお急ぎ便を無料で利用できます。

	通常会員	プライム会員
通常配送	有料 ※配送地域で料金が異なる ※一定以上の金額で無料になる場合もある	無料
お急ぎ便 （注文日から3日以内に配送される）		
当日お急ぎ便 （注文した当日に配送される）		
日時指定便 （指定した日時に配送される）		

● **プライム限定価格**

一部の商品を通常価格よりもお得な割引料金で購入できます。

● **Prime Video**

映画やテレビ番組などを無料で見られます。

● **Prime Music**

音楽を無料で聴くことができます。

1ヶ月は無料でお試しできるから、興味があれば使ってみるといいですよ！

この本でアマゾンの買い物になれてきたら、年間4900円の会費もお得に思えますよ！

アマゾンプライム会員になろう

アマゾンプライム会員になりたいと思ったら、プライム会員に登録します。最初の30日間は無料でお試しできます。

操作 左クリック ▶P.013

1 プライム会員になる準備をします

技評太郎さん アカウント&リスト を

左クリックします。

prime プライム 会員特典とお支払い方法の確認 を

左クリックします。

ポイント!

46ページの方法でクレジットカードを登録していないと、次の画面が表示されません。

2 アマゾンプライム会員に登録します

30日間の無料体験を始める を

左クリックします。

30日間の無料体験を試す を

左クリックします。

ポイント!

30日を経過すると、自動的に有料のプライム会員になります。退会する方法は104ページを参照してください。

次に進む を

左クリックします。

「プライムへようこそ!」の画面が表示されます。アマゾンプライム会員に登録できました。

お急ぎ便を使って商品を購入しよう

アマゾンプライム会員になると、お急ぎ便を利用できます。
お急ぎ便は、購入後3日以内に商品が届くサービスです。

操作 移動 ▶P.012 左クリック ▶P.013

1 レジに進みます

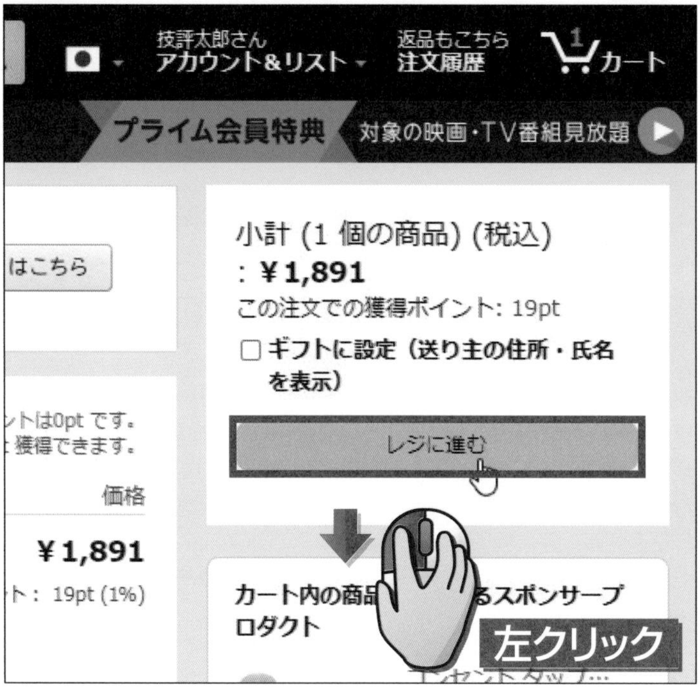

70ページの方法で、カートの商品を表示しておきます。

レジに進む に

カーソル を移動して、

左クリックします。

ポイント!

商品によってはお急ぎ便を利用できないものもあります。

2 お急ぎ便を指定します

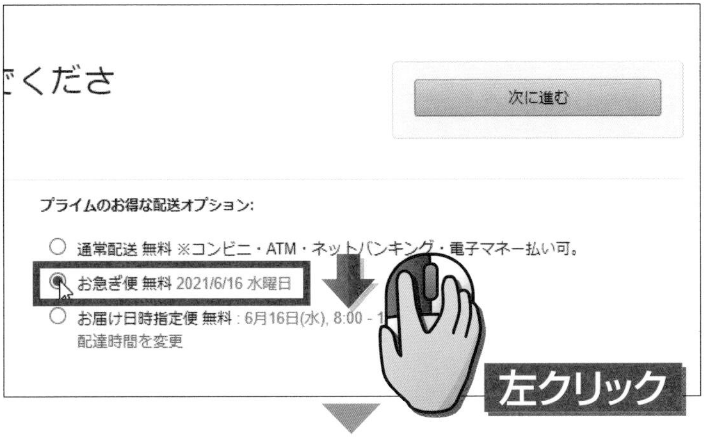

画面下部にある「プライムのお得な配送オプション」の お急ぎ便 無料 を

左クリックします。

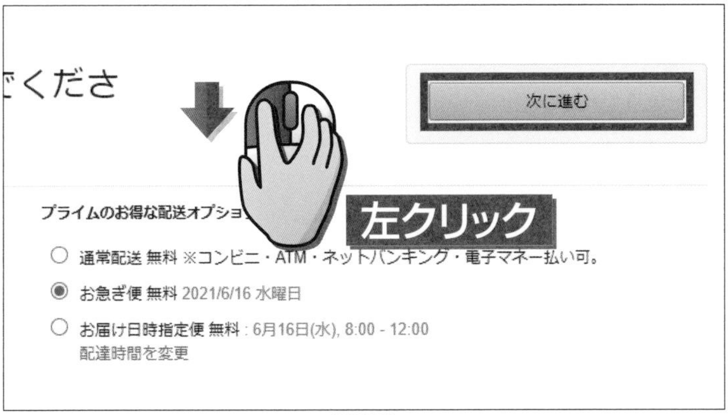

次に進む を

左クリックします。

ポイント!

「次に進む」ボタンが表示されない場合は、 注文を確定する を左クリックして、注文を確定します。

注文を確定する を

左クリックします。

これで注文が完了します。

アマゾンプライム会員を退会しよう

アマゾンプライム会員を退会する方法を紹介します。
いつでも自由に退会できます。

操作 回転 ▶P.010 移動 ▶P.012 左クリック ▶P.013

1 ヘルプ画面を表示します

82ページの方法で、アマゾンのホームページを表示します。

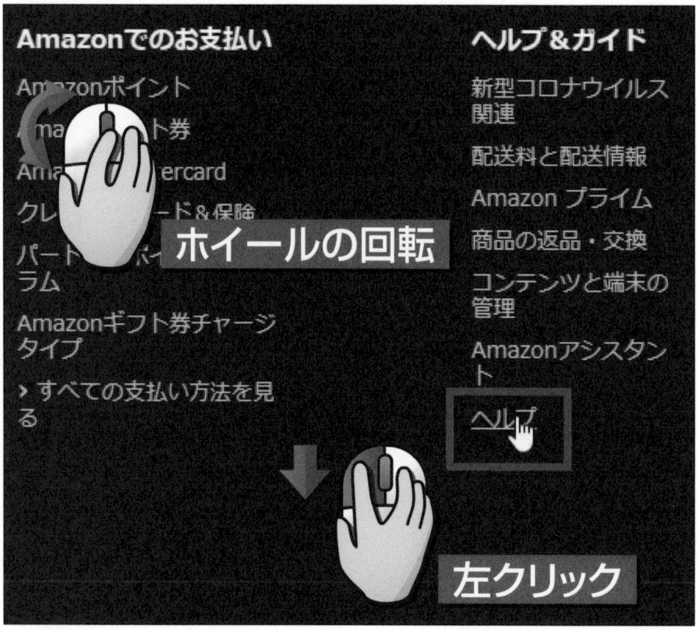

マウスのホイールを回転して、画面の下の方を表示します。

ヘルプを左クリックします。

2 退会する準備をします

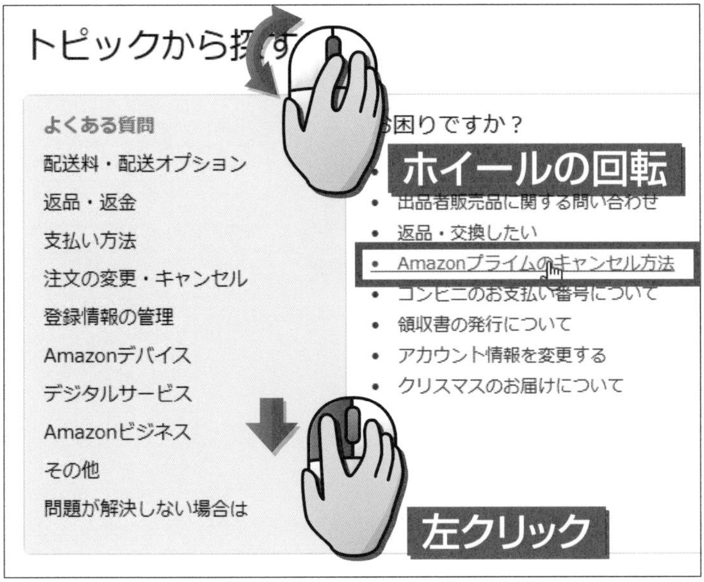

マウスのホイールを

回転します。

ページの下の方にある

• Amazonプライムのキャンセル方法 を

左クリックします。

3 アマゾンプライム会員を退会します

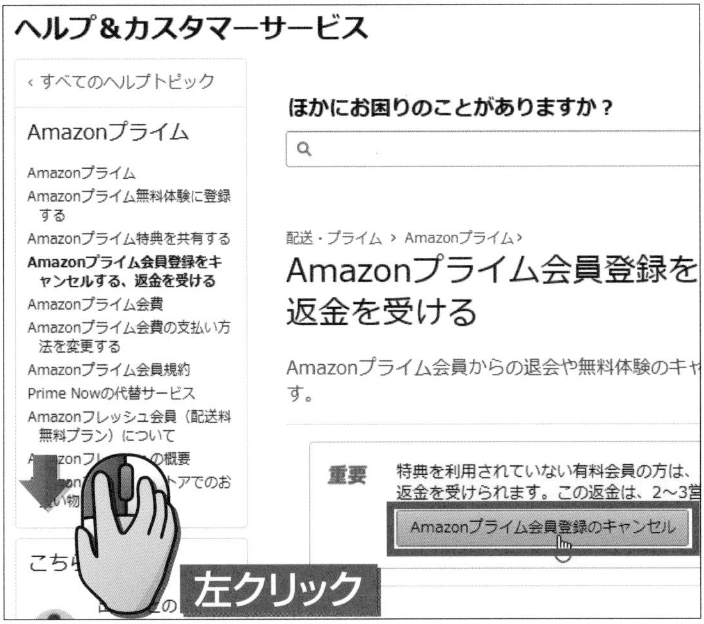

Amazonプライム会員登録のキャンセル に

《カーソル》を移動して、

左クリックします。

次へ

4 確認メッセージに対応します その1

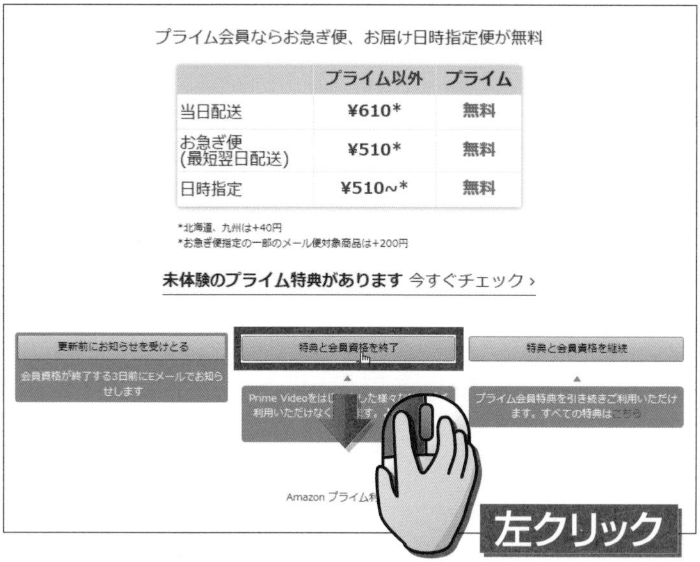

特典と会員資格を終了 に

カーソル
を移動して、

左クリックします。

5 確認メッセージに対応します その2

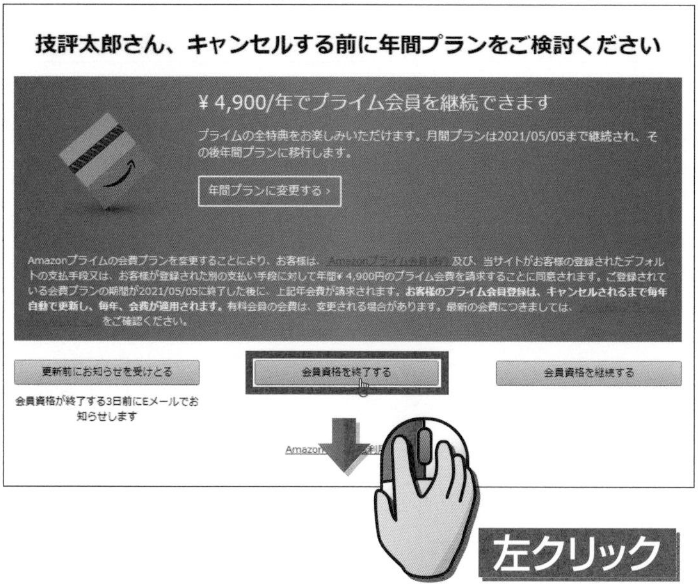

会員資格を終了する に

カーソル
を移動して、

左クリックします。

6 確認メッセージに対応します その3

特典と会員資格を終了 に

カーソルを移動して、

左クリックします。

7 元の画面に戻ります

お客様のプライムの会員資格がもうすぐ終了します。 が

表示されたら、

退会できました。

amazon.co.jp を

左クリックして、

最初の画面に戻ります。

パスワードを忘れてしまったら

アマゾンのアカウントを登録したパスワードを忘れてしまった場合は、新しいパスワードを設定し直します。

操作 左クリック ▶P.013 入力 ▶P.016

1 ログイン画面を表示します

下の画面が表示されて、パスワードを忘れてしまった場合は、

メールアドレスを入力し、次に進むを左クリックします。

ポイント!

直接パスワードを入力する画面が表示される場合は、手順2に移動します。

2 画面を進めます

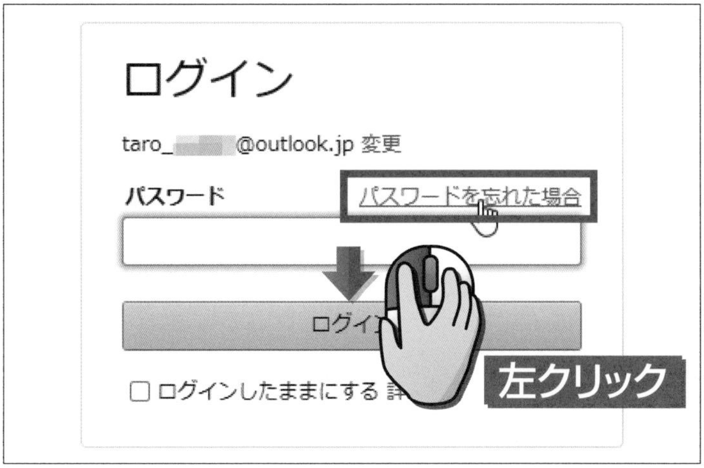

パスワードを忘れた場合 を

左クリックします。

3 メールアドレスを入力します

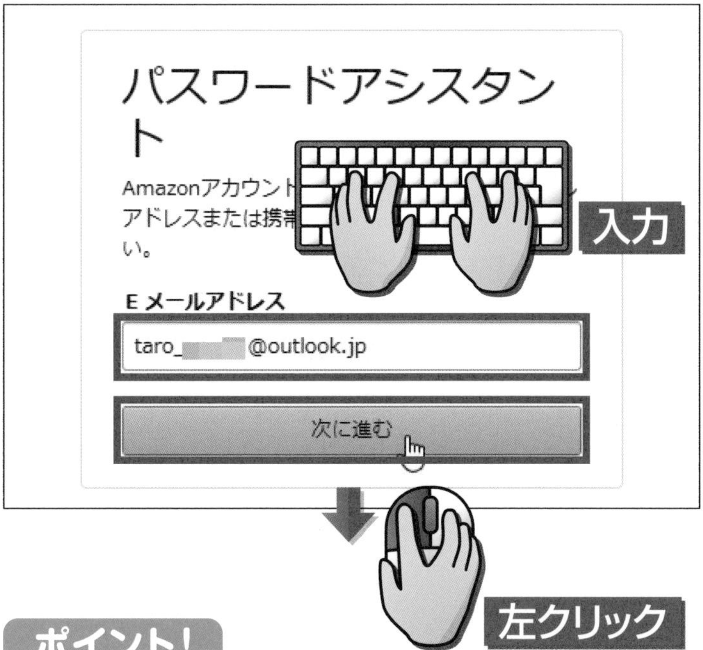

38ページで登録した
メールアドレスを

入力します。

次に進む を

左クリックします。

ポイント!

メールアドレスが自動表示される場合は、内容を確認して 次に進む を左クリックします。

次へ

4 セキュリティコードを確認します

38ページで入力したメールアドレスに、アマゾンからメールが届きます。

メールアプリを開いて、セキュリティコードを確認します。

5 セキュリティコードを入力します

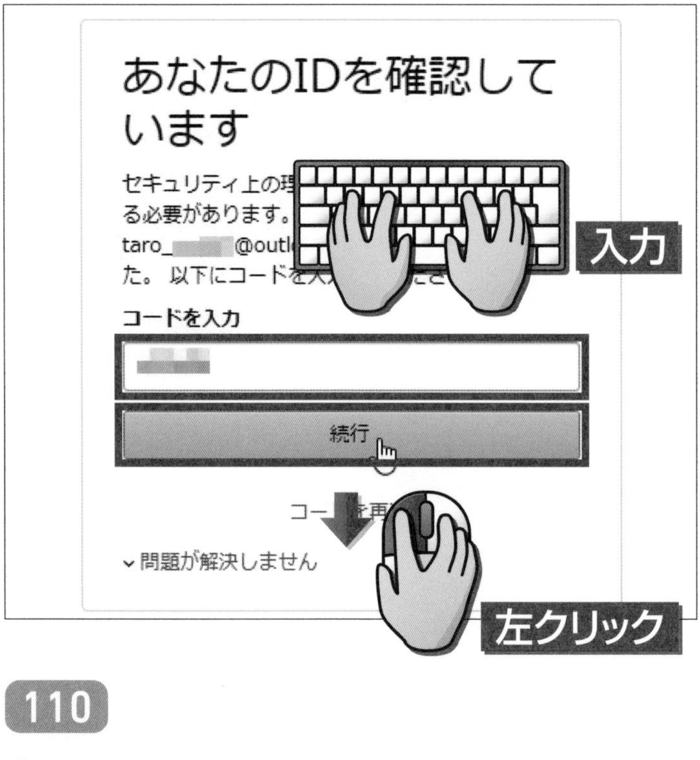

アマゾンのページに戻り、セキュリティコードを半角数字で入力します。

続行を左クリックします。

6 パスワードを指定します

新しいパスワード に

新しいパスワードを

入力します。

ポイント!

パスワードは必ずメモに書いて残しておきましょう。

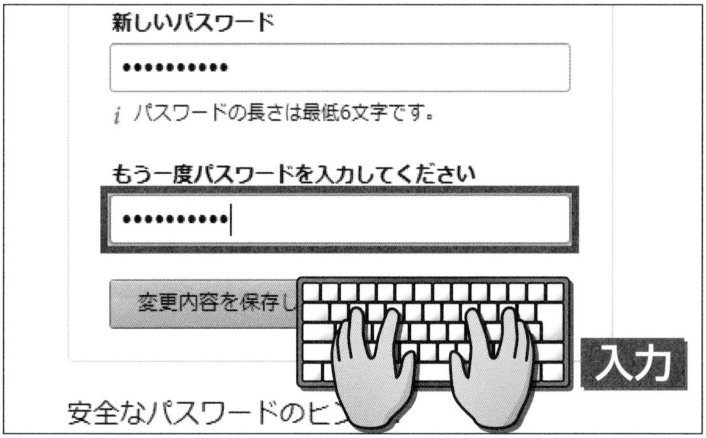

もう一度パスワードを入力してください に

もう一度同じパスワードを

入力します。

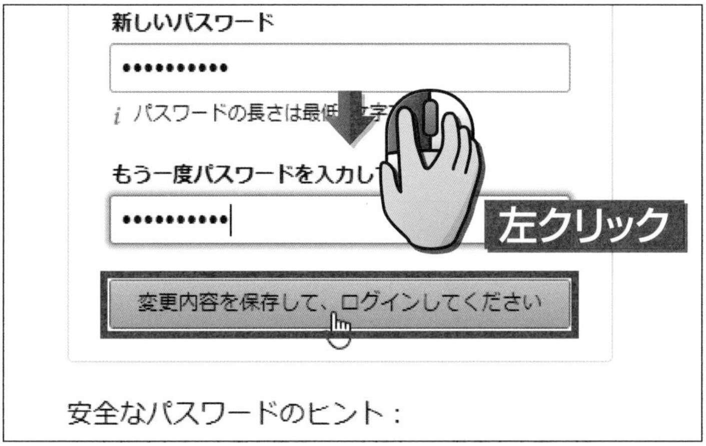

変更内容を保存して、ログインしてください を

左クリックします。

次へ

7 画面を進めます

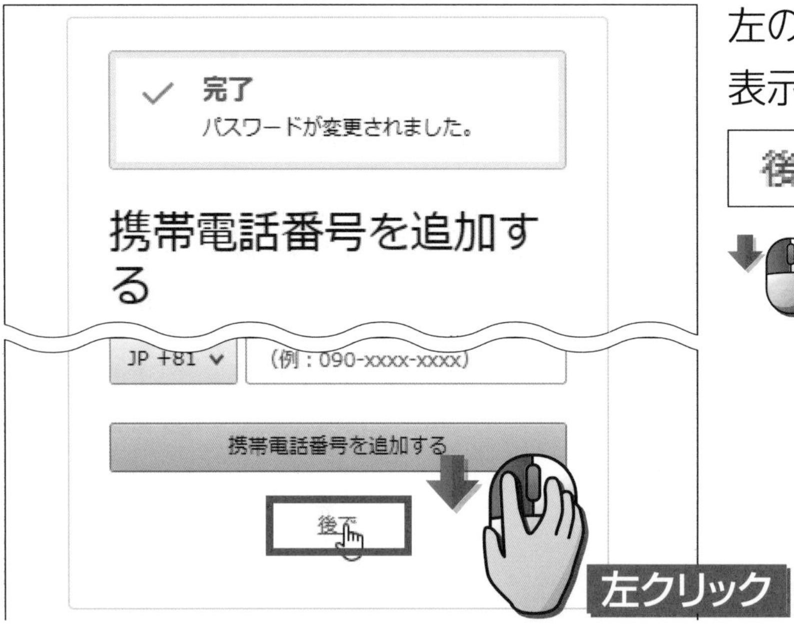

左の画面が
表示された場合は、
後で を
左クリックします。

8 パスワードを再設定できました

新しいパスワードでログインできました。
次からは、新しいパスワードを利用してログインします。

第6章

楽天市場で買い物をする準備をしよう

この章で学ぶこと

- 楽天市場のホームページを表示できますか?
- 楽天市場のユーザーIDを作成できますか?
- 商品を届けてもらう住所を登録できますか?
- クレジットカード情報を登録できますか?

楽天市場のホームページを表示しよう

インターネットで楽天市場のホームページを見てみましょう。
ホームページを見るには、ブラウザーというアプリを使います。

操作 移動 ▶P.012 左クリック ▶P.013 入力 ▶P.016

1 ブラウザーを起動します

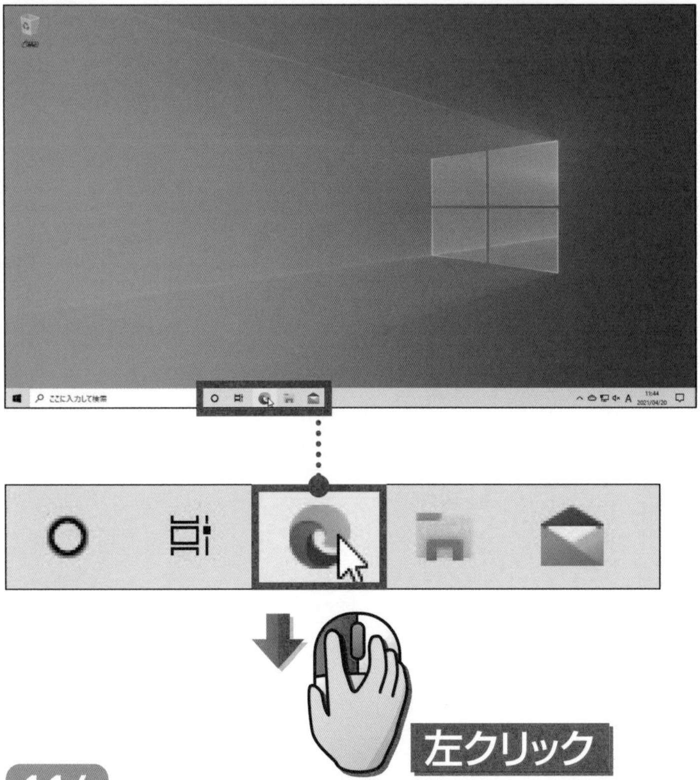

Edge

に

カーソル

を移動して、

左クリックします。

インターネットを表示するアプリはEdge（エッジ）といいます。

2 ブラウザーが起動しました

ブラウザーが起動しました。

3 ブラウザーを大きく表示します

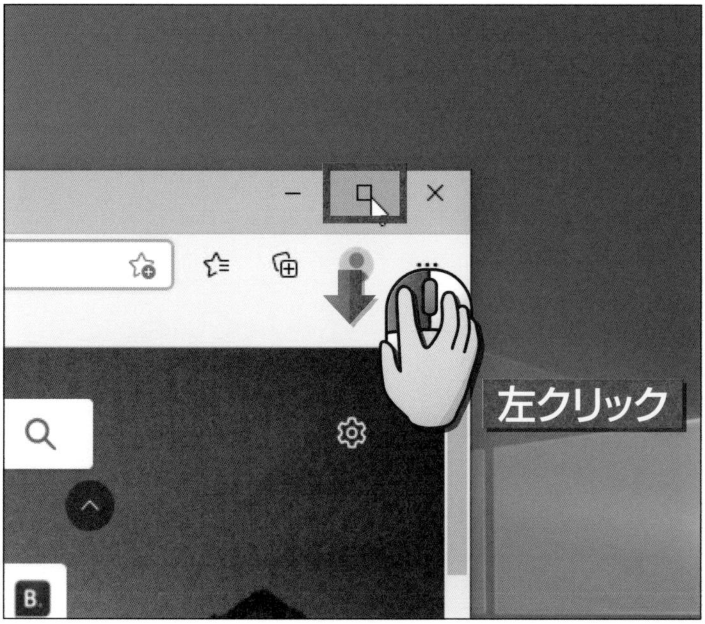

ブラウザーの画面が小さい場合は、

最大化 □ を

左クリックします。

次へ

4 ブラウザーが大きく表示されました

ブラウザーの画面が大きく表示されました。

5 アドレスを入力する準備をします

検索または Web アドレスを入力《アドレスバー》 を

左クリックします。

画面右下に A が

表示されていることを

確認します。

ポイント!

あ が表示されている場合は、16ページを参考にして A を表示します。

6 楽天市場のアドレスを指定します

「www.rakuten.co.jp」と入力して、Enter《エンター》キーを押します。

ポイント!

「.」(ドット)は(る)のキーを押して入力します。

7 楽天市場の画面が表示されました

楽天市場の画面が表示されました。

楽天のユーザー登録の流れを知ろう

楽天市場で商品を購入するには、ユーザー登録が必要です。
ユーザー登録の流れを確認しましょう。

ユーザー登録って何?

ユーザー登録とは、楽天市場を利用するために必要な情報を登録することです。
楽天市場で商品を購入するには、ユーザー登録が必要です。

ユーザー登録の流れ

❶ メールアドレスを入力します。

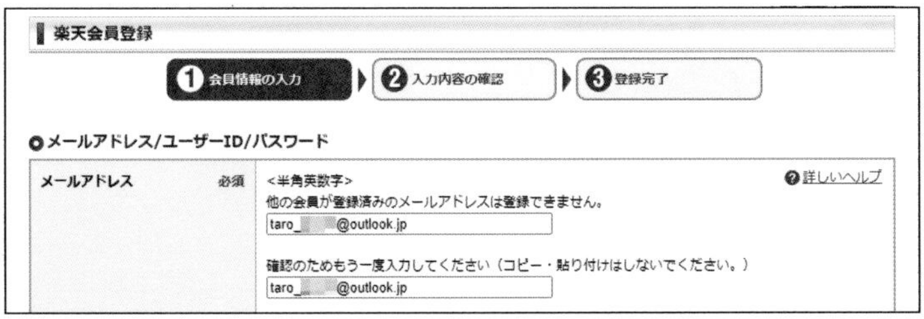

ポイント!

楽天市場からのメールを受け取ることのできるメールアドレスを入力します。

❷ ユーザーIDとパスワードを新しく設定します。

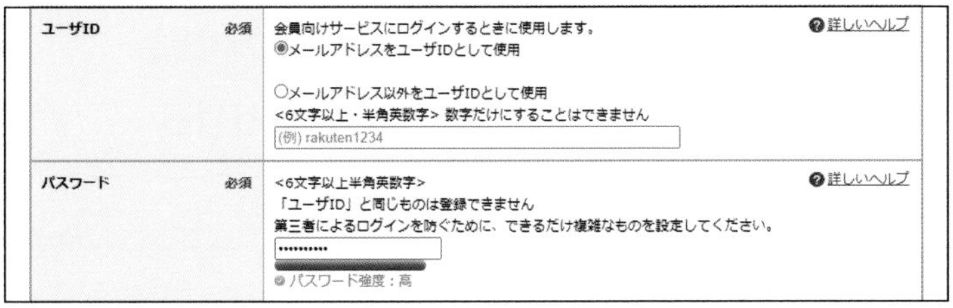

ポイント!

ユーザーIDとパスワードは自由に設定できます。パスワードは、英字の小文字や大文字、数字などを組み合わせて6文字以上にします。

❸ 住所を入力します。

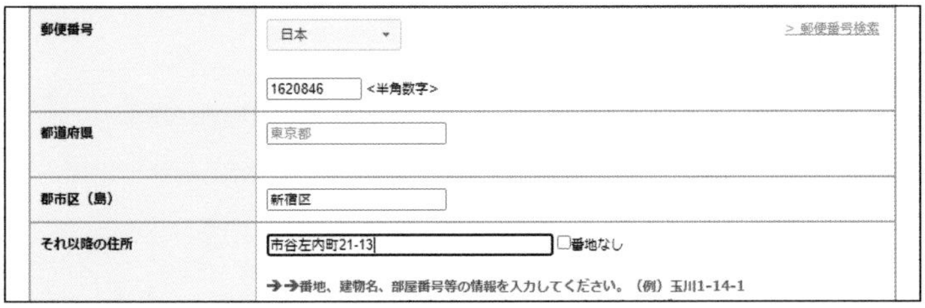

ポイント!

商品の配達先の住所を入力します。

❹ 支払いに使うクレジットカードの情報を登録します。

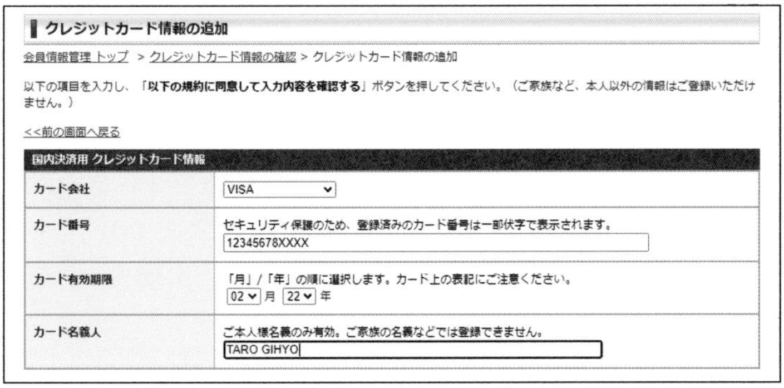

ポイント!

クレジットカード以外の支払方法もあります。本書では、クレジットカードで支払います。

ユーザーIDを作成しよう

楽天市場で商品を購入するには、ユーザーIDの作成が必要です。
メールアドレスとパスワードを登録します。

操作 移動 ▶P.012 左クリック ▶P.013 入力 ▶P.016

1 ユーザーIDを作成します

114ページの方法で、楽天市場のホームページを表示します。

楽天会員登録(無料) に《カーソル》を移動して、左クリックします。

ポイント！

画面の右上に ログイン ではなく ログアウト が表示されている場合は、既に楽天市場のアカウントを作成済みです。126ページに進んでください。

2 メールアドレスを入力します

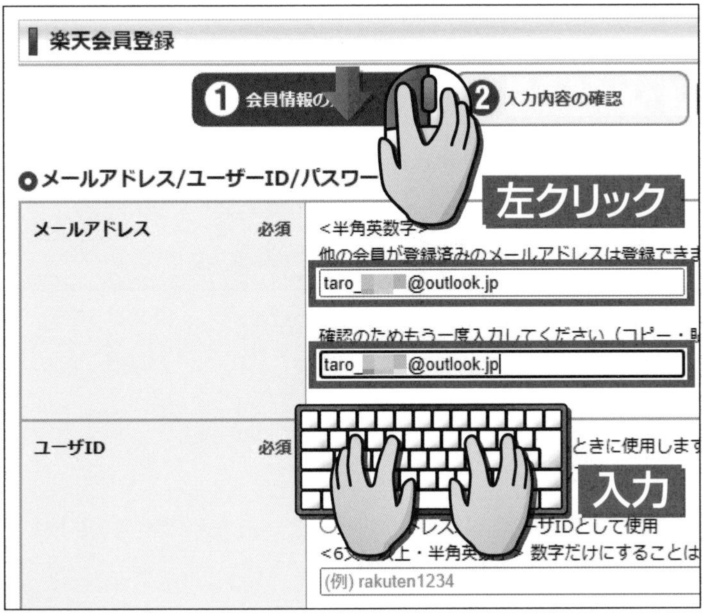

「メールアドレス」の入力欄を

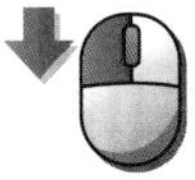

左クリックして、メールアドレスを2カ所に

入力します。

ポイント！

商品を購入したあとに、楽天からのメールを受け取ることのできるメールアドレスを入力します。

3 ユーザーIDを指定します

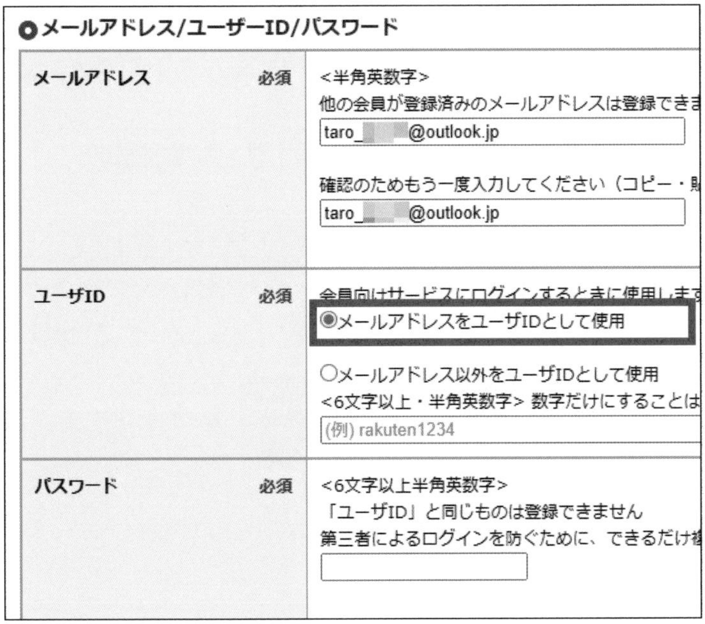

「ユーザID」の ◉メールアドレスをユーザIDとして使用 が選択されていることを確認します。

ポイント！

入力したメールアドレスはメモに書いて残しておきましょう。

次へ

4 パスワードを入力します

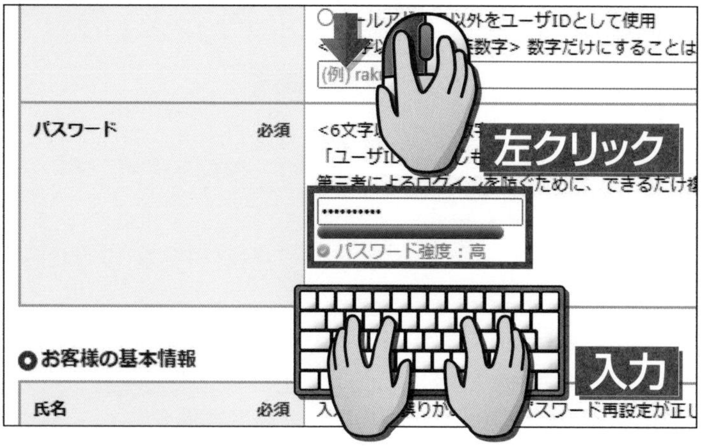

「パスワード」の入力欄を左クリックして、半角で6文字以上のパスワードを入力します。

ポイント！

パスワードは、英字と数字を組み合わせた複雑なものにしましょう。
また、入力したパスワードをメモとして残しておきましょう。

5 氏名を入力します その1

マウスのホイールを回転して、画面の下の方を表示します。

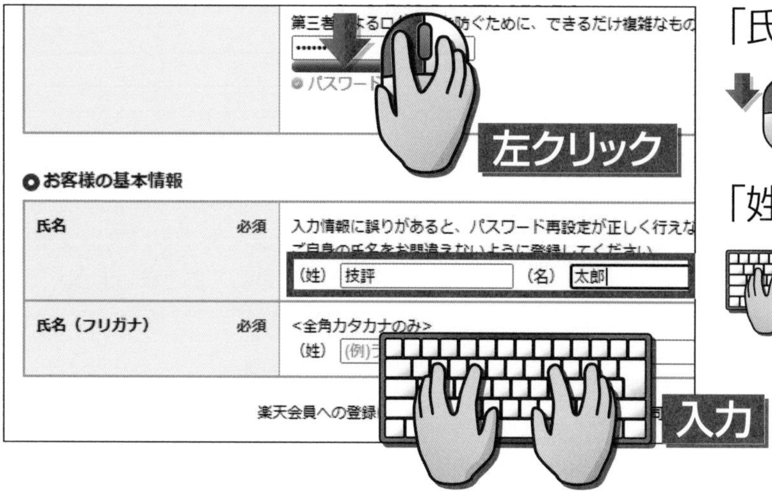

「氏名」の入力欄を左クリックして、「姓」と「名」をそれぞれ入力します。

6 氏名を入力します その2

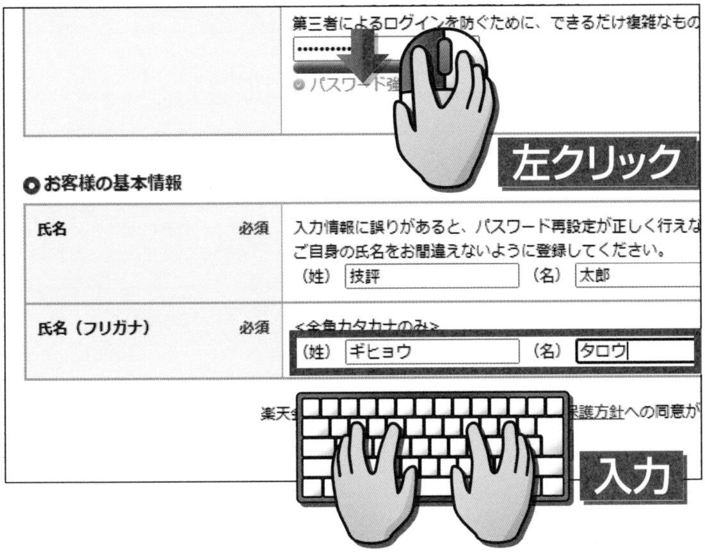

「氏名（フリガナ）」の入力欄を左クリックして、「姓（フリガナ）」と「名（フリガナ）」をそれぞれ入力します。

7 規約に同意します

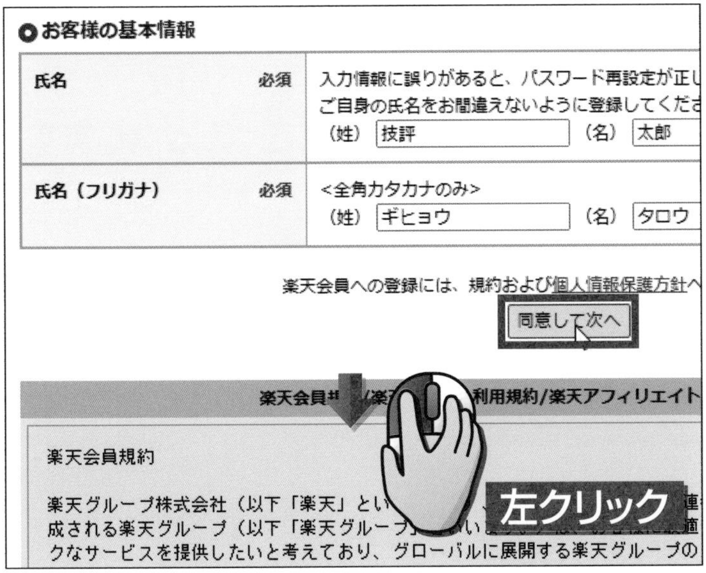

同意して次へ を左クリックします。

次へ

8 登録を完了します

左の画面が表示されたら、マウスのホイールを

回転して、画面の下の方を表示します。

ポイント！

「パスワードを保存」画面が表示された場合は、なし を左クリックします。

9 「登録する」を左クリックします

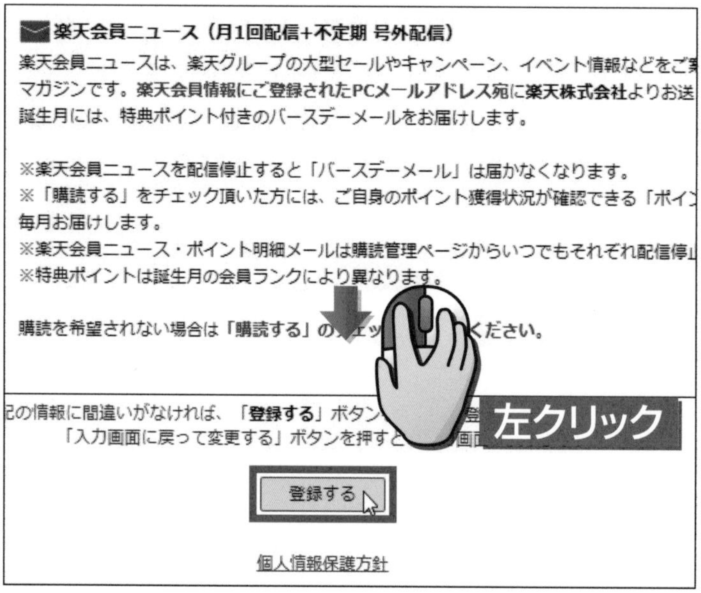

登録する を

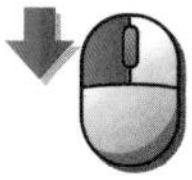

左クリックします。

10 登録が完了しました

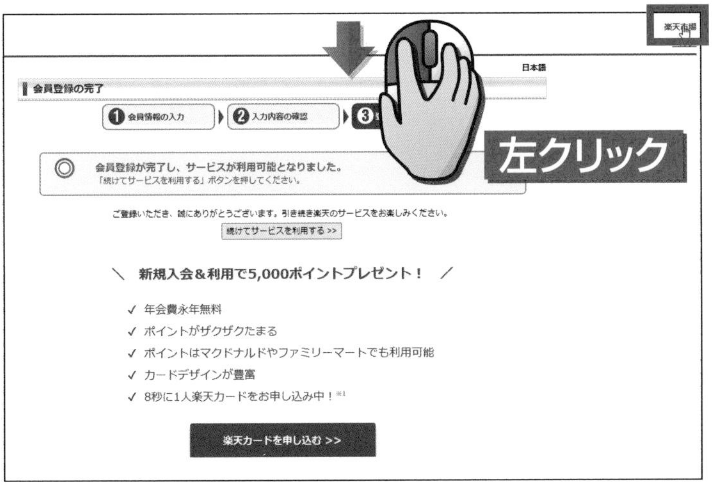

これで、
ユーザーIDの登録が
完了しました。

画面右上の

楽天市場 を

左クリックします。

11 ユーザーIDが作成されました

ログアウト が

表示されていれば、
ユーザーIDの登録が
完了しています。

住所を登録しよう

商品を届けてもらうときの住所を登録します。
商品を購入する前に住所を登録しておきましょう。

操作
回転 ▶P.010
左クリック ▶P.013
入力 ▶P.016

1 会員情報を確認します

114ページの方法で、楽天市場のホームページを表示します。

会員情報 を

左クリックします。

ポイント！

ログイン と表示されている場合は、186ページの方法で楽天市場のホームページにログインします。

2 住所を入力する準備をします その1

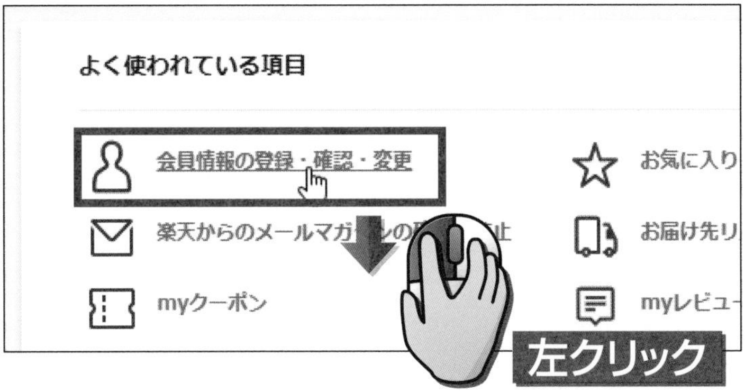

会員情報の登録・確認・変更 を

左クリックします。

3 住所を入力する準備をします その2

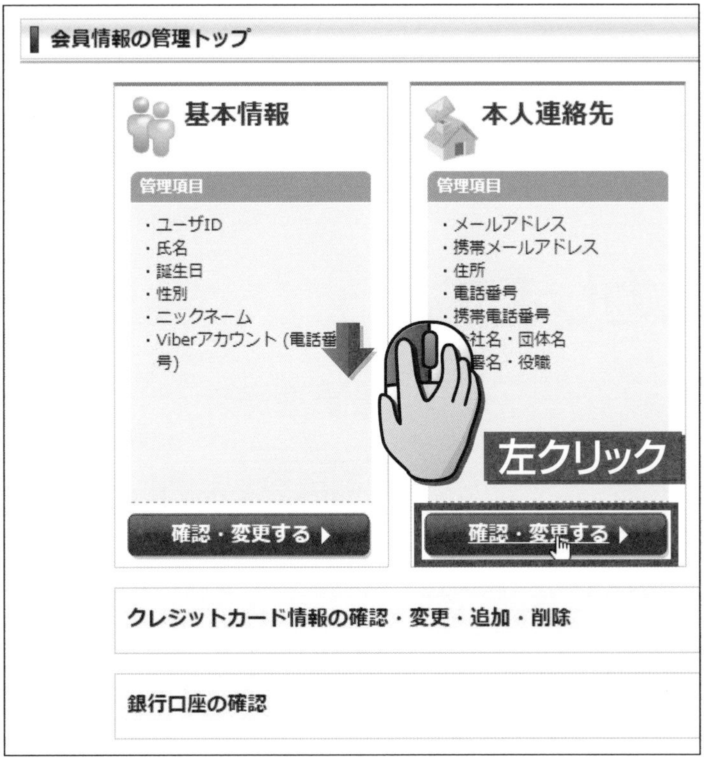

本人連絡先 の

確認・変更する を

左クリックします。

同じボタンがたくさんあるので、
正しくクリックしてください！

次へ

4 住所を入力する準備をします その3

日本国内の連絡先 の 変更 を 左クリックします。

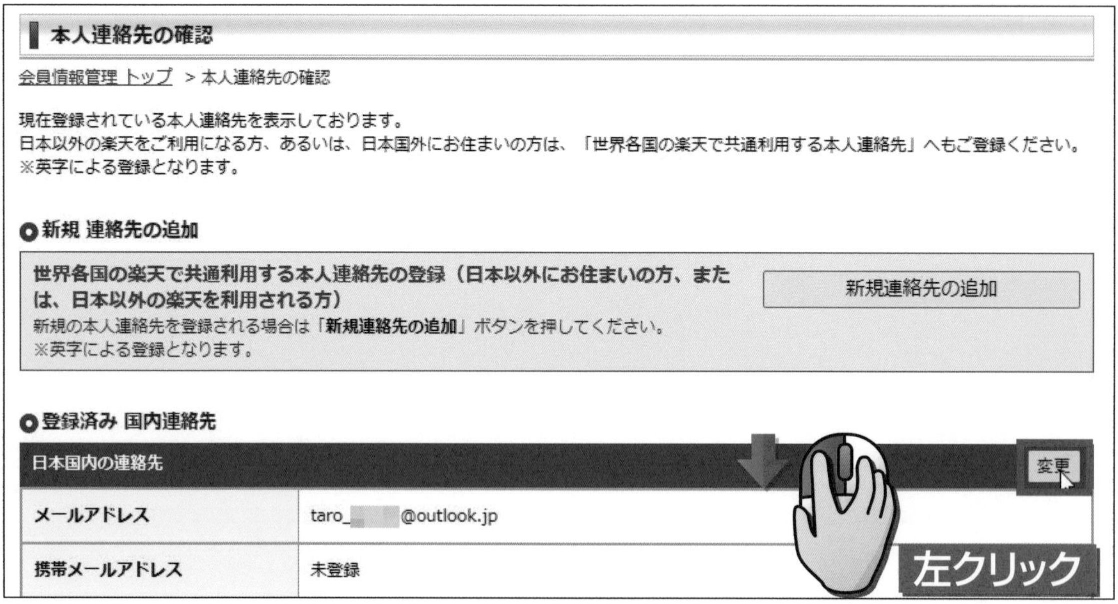

5 郵便番号を入力します

郵便番号を 入力します。

ポイント！

郵便番号は「ー」（ハイフン）なしの半角数字で入力します。

6 住所を入力します

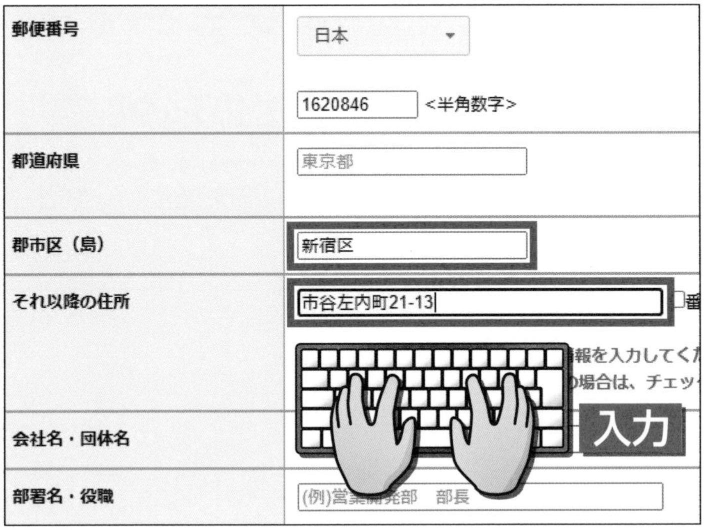

自動的に都道府県や住所が表示されます。

続きの住所を

入力します。

7 電話番号を入力します

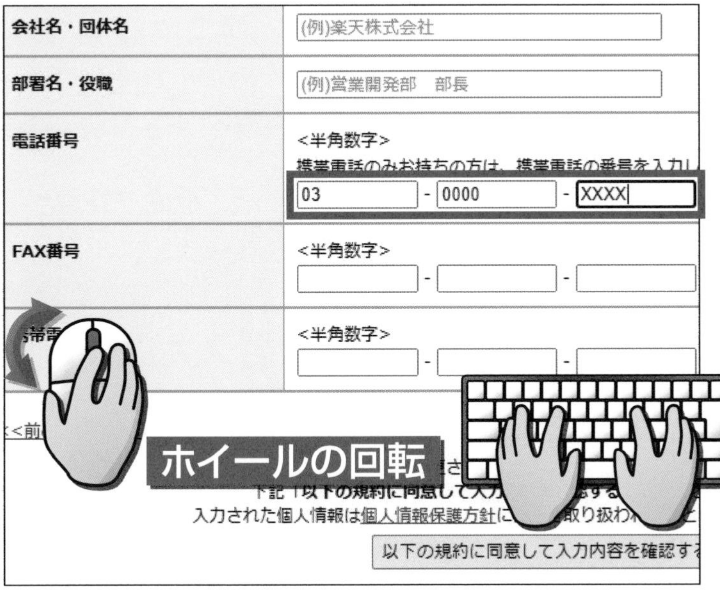

マウスのホイールを

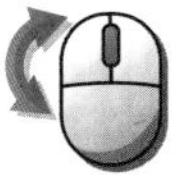回転して、

電話番号を

入力します。

次へ

8 規約に同意します

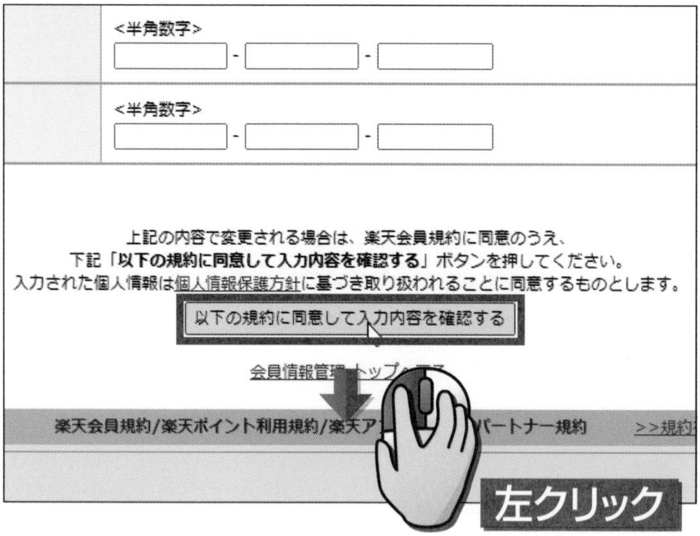

以下の規約に同意して入力内容を確認する を

左クリックして、

入力内容を確認します。

9 パスワードを入力します

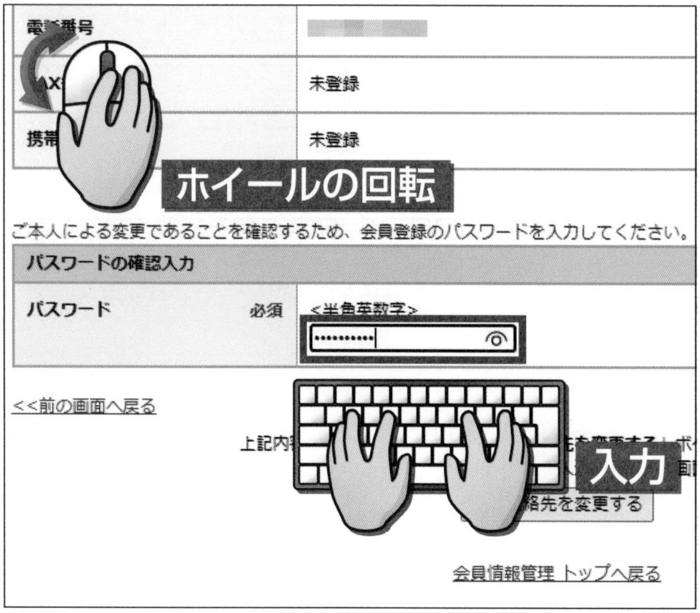

マウスのホイールを

回転して、

122ページで入力した

パスワードを

入力します。

10 登録を完了します

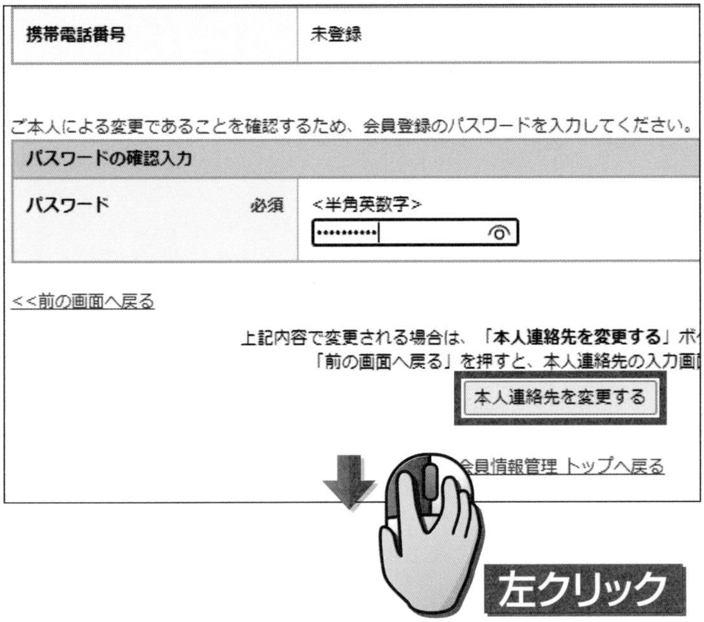

本人連絡先を変更する を

左クリックします。

11 住所の登録が完了しました

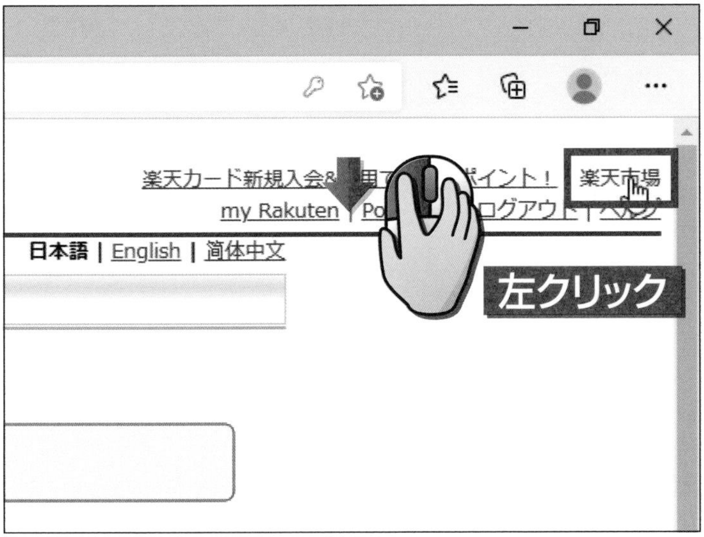

住所が追加されました。

楽天市場 を

左クリックします。

クレジットカードを登録しよう

商品の支払いに使うクレジットカードを登録します。
商品を購入する前に、クレジットカードを登録しておきましょう。

操作　移動 ▶P.012　左クリック ▶P.013　入力 ▶P.016

1 クレジットカード情報を入力する準備をします

126～127ページの方法で、会員情報の管理画面を表示します。

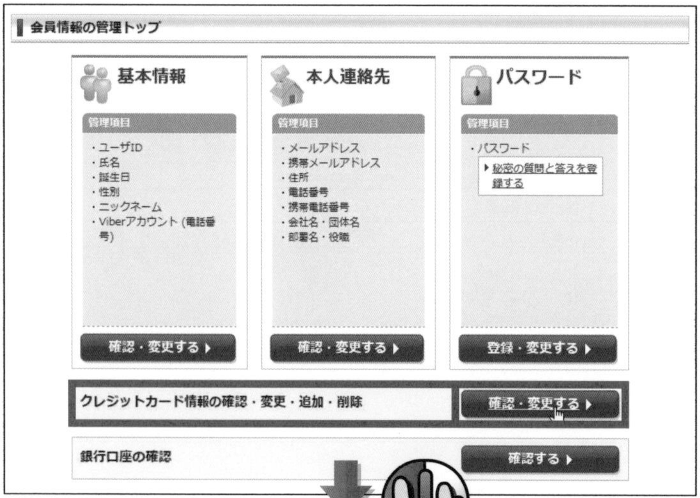

「クレジットカード情報の確認・変更・追加・削除」の **確認・変更する ▶** に カーソル を移動して、左クリックします。

2 クレジットカード情報を追加します

次の画面が表示されたら、国内決済用クレジットカード情報 の

新規カード情報の追加 を 左クリックします。

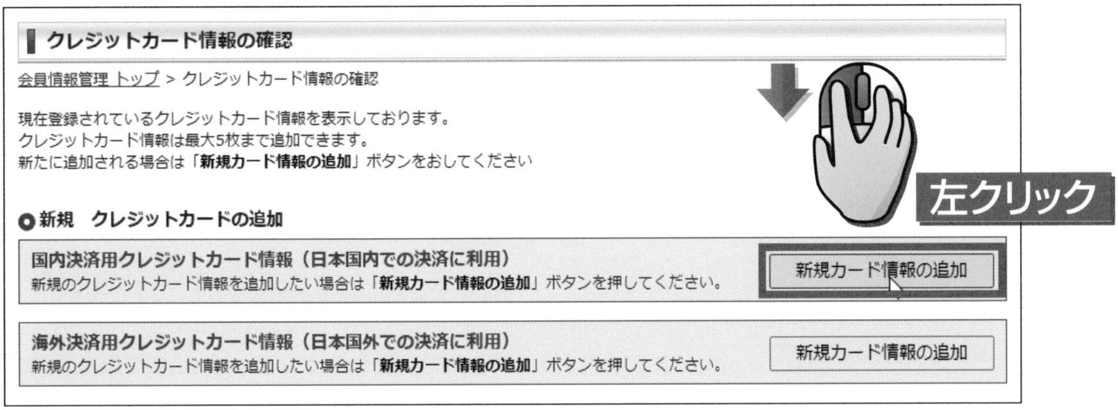

ポイント！

国内決済用クレジットカード情報 が表示されない場合は、新規カード情報の追加 を左クリックします。

3 カード会社を選択します

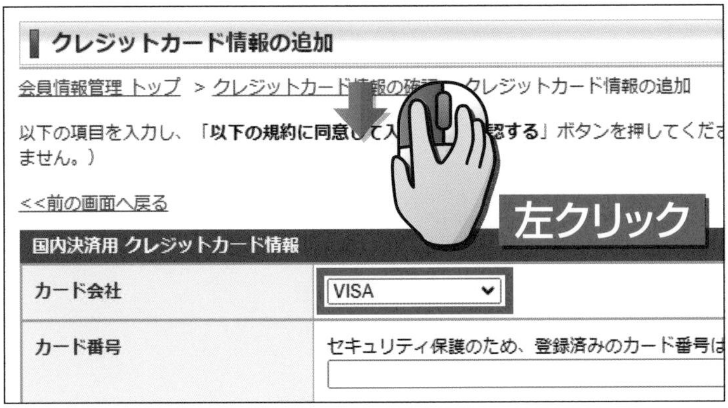

「カード会社」の 選択してください を 左クリックして、「カード会社」を選択します。

次へ

4 カード番号を入力します

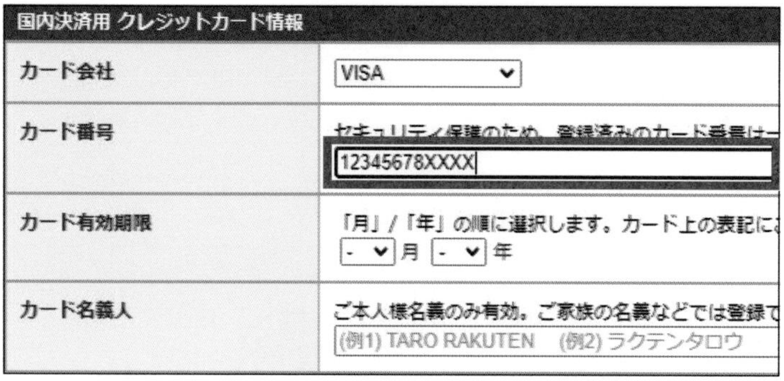

「カード番号」を

**入力**します。

5 カード有効期限を選択します

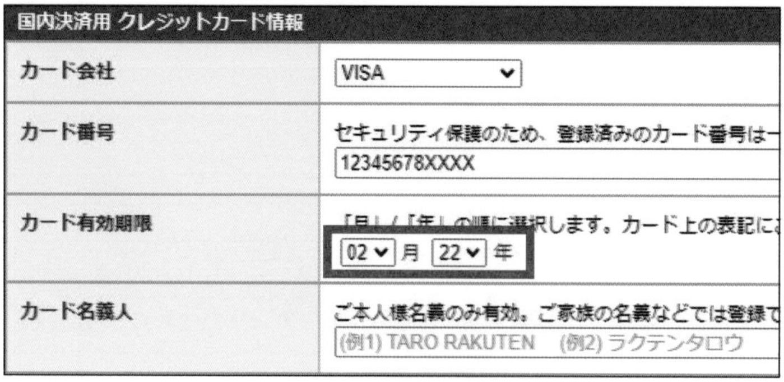

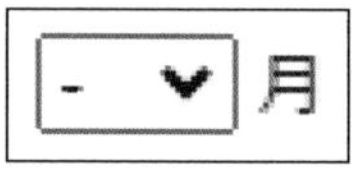

と

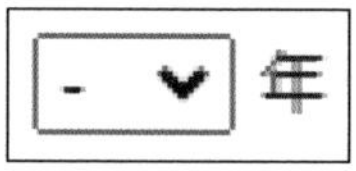

を

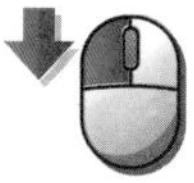**左クリック**して、

「カード有効期限」を

選択します。

6 カード名義人を入力します

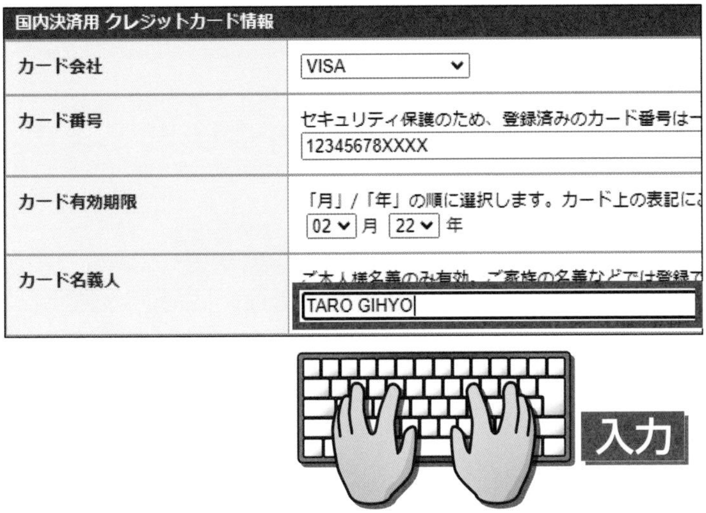

「カード名義人」を入力します。

ポイント！

「カード名義人」は、半角英字で入力してください。

7 規約に同意します

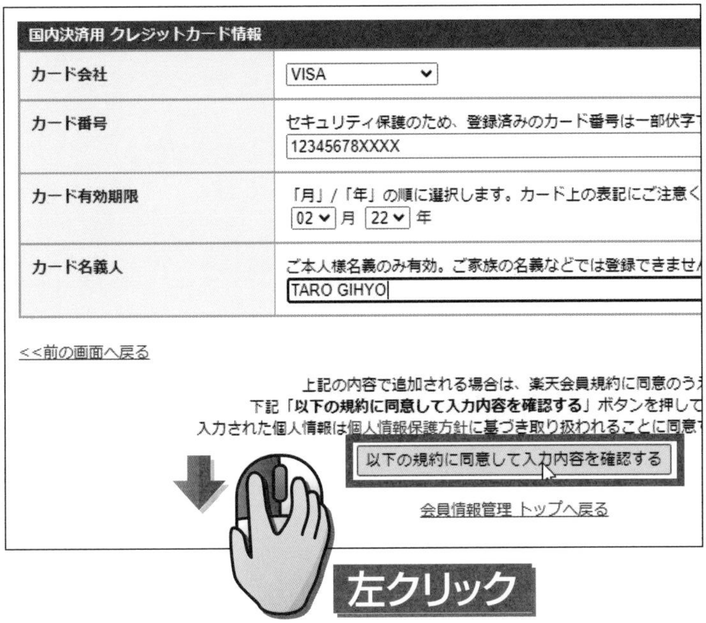

以下の規約に同意して入力内容を確認する を左クリックします。

次へ

8 クレジットカード情報を追加します

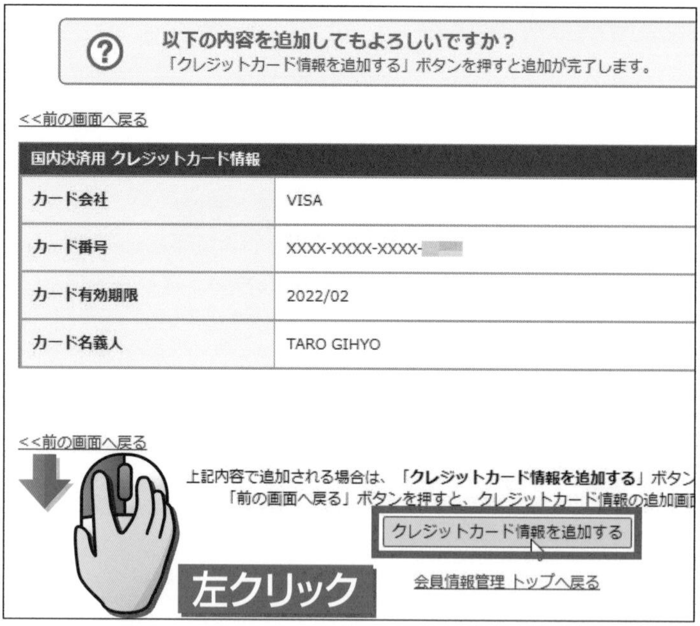

クレジットカード情報を追加する を

左クリックします。

ポイント！

「カードの保存」の画面が表示された場合は、今は行わない を左クリックします。

9 クレジットカード情報が登録されました

これで、
クレジットカード情報が
登録されました。

楽天市場 を

左クリックします。

楽天市場の
トップページが
表示されます。

第7章

楽天市場で購入したい商品を探そう

この章で学ぶこと

- キーワードで商品を検索できますか?
- 検索結果をジャンルで絞り込めますか?
- キーワードを追加して絞り込めますか?
- 商品を並べ替えることができますか?

購入したい商品をキーワードで探そう

楽天市場で購入する商品を探しましょう。
ここでは、キーワードを入力して商品を探します。

操作 左クリック ▸P.013 入力 ▸P.016

1 検索する準備をします

114ページの方法で、楽天市場のホームページを表示しておきます。

キーワード検索 を 左クリックします。

ポイント！

画面の右上に ログイン が表示されている場合は、186ページの方法でログインします。

2 キーワードを入力します

商品を検索するためのキーワードを入力します。

ポイント!

ここでは、仙台銘菓の「萩の月」を検索します。キーワードに「萩の月」と入力しています。

3 検索を実行します

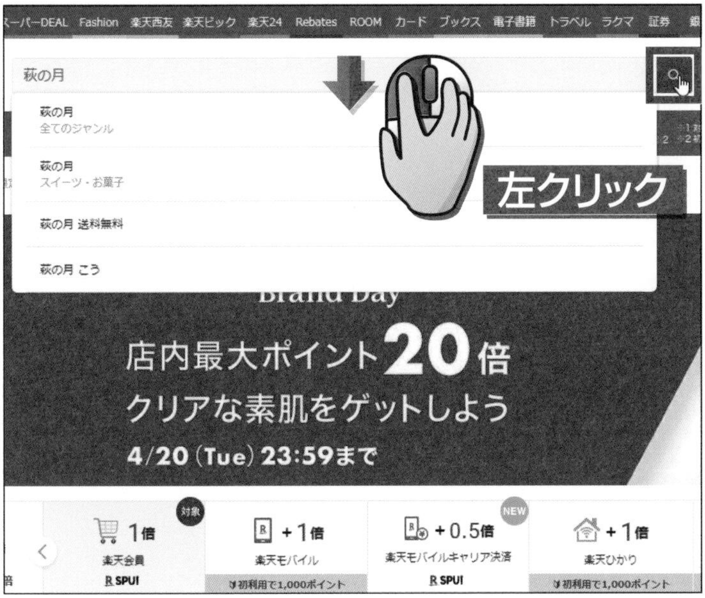

を左クリックします。

検索結果が表示されます。

検索結果の画面を確認しよう

キーワードを入力して商品を検索すると、検索結果が表示されます。
楽天市場の検索結果の画面を確認してみましょう。

検索画面を確認します

138ページの方法で商品を検索すると、検索結果が表示されます。

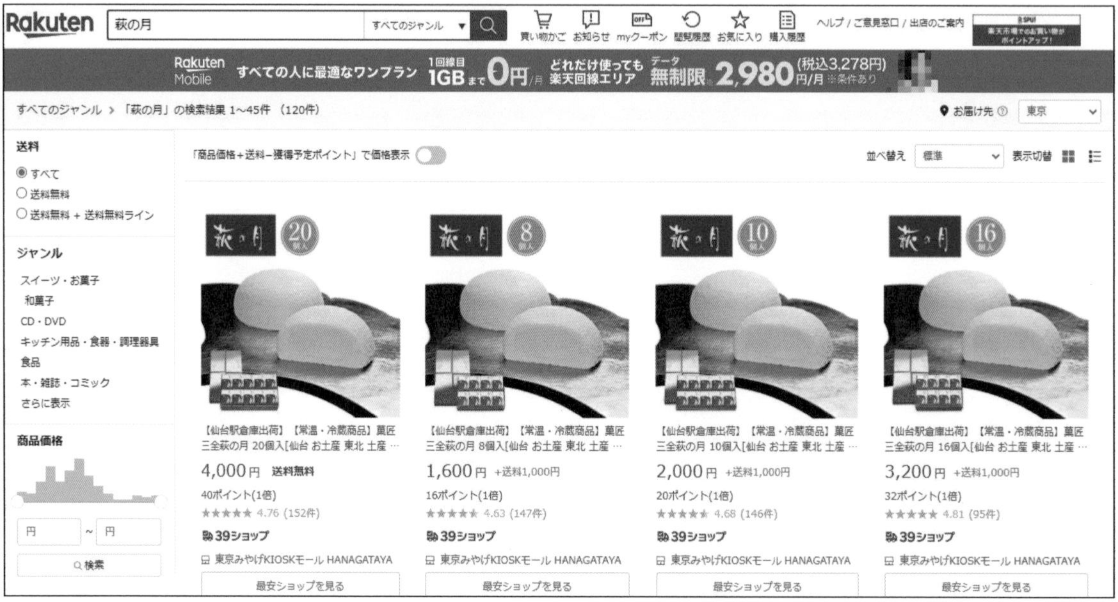

検索結果画面の見方

検索結果画面は、次のようになっています。

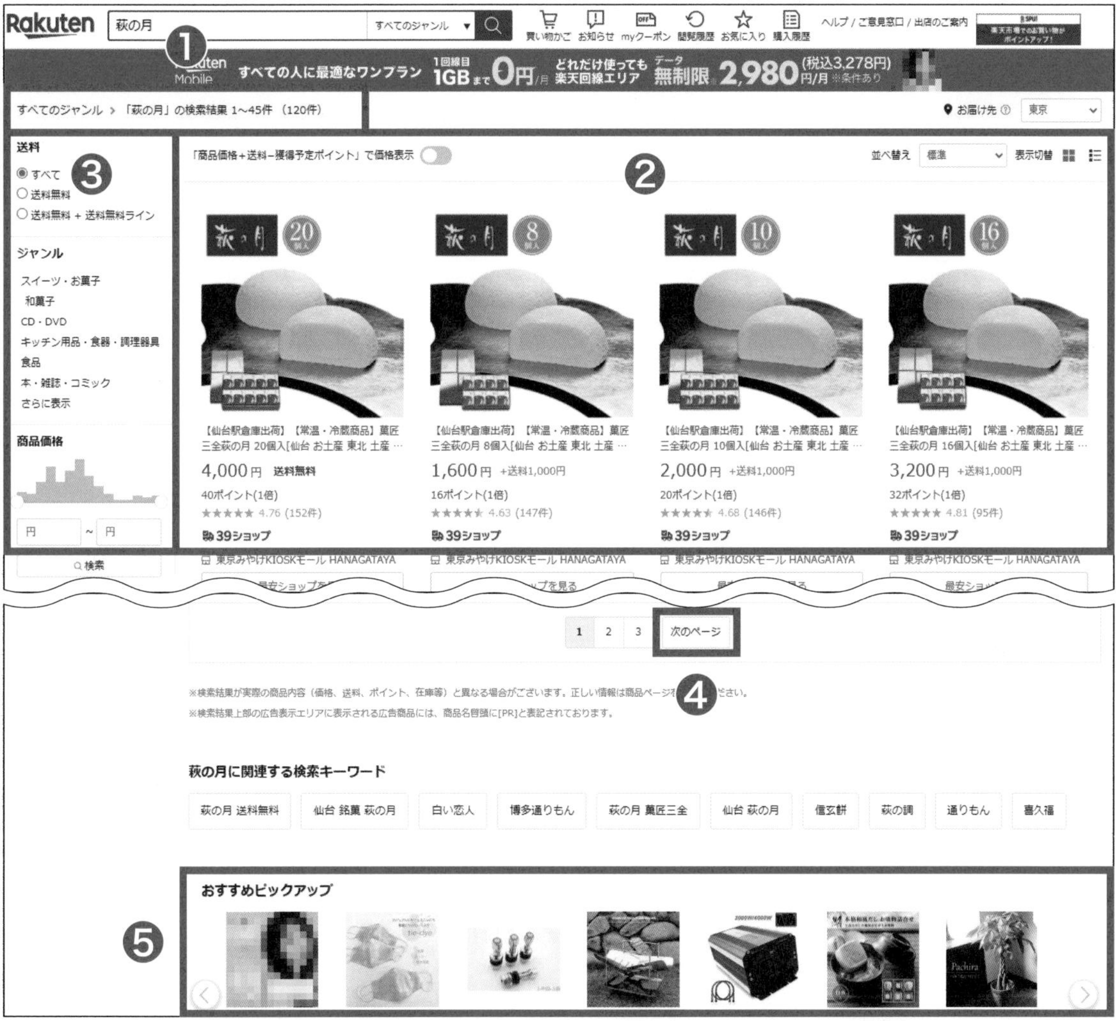

❶ 検索件数

検索結果の件数が表示されます。

❷ 商品一覧

検索結果の商品が一覧表示されます。

❸ サイドバー

商品を絞り込むための項目が表示されます。

❹ 「次のページ」ボタン

画面下部に表示されます。検索結果を次のページに切り替えるボタンです。

❺ 広告

検索した商品に関連する広告が表示されます。

ジャンルで検索結果を絞り込もう

検索した結果、商品が多く表示された場合は、ジャンルという商品の分類を使って絞り込みます。

操作
移動 ▶P.012
左クリック ▶P.013

1 検索結果を表示します

138ページの方法で、商品の検索結果の画面を表示しておきます。

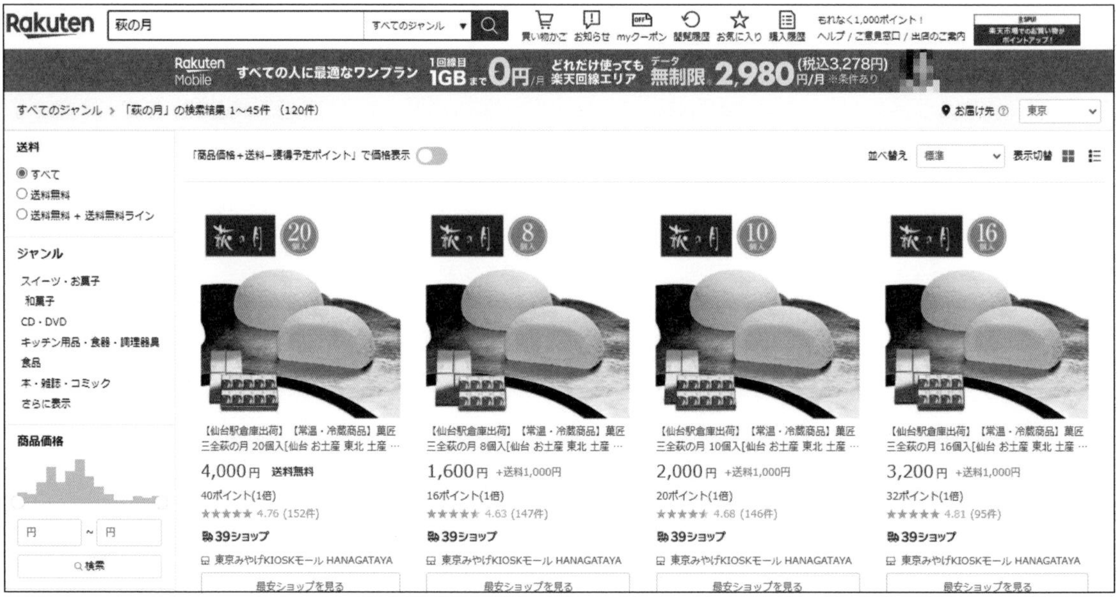

2 ジャンルを選択します

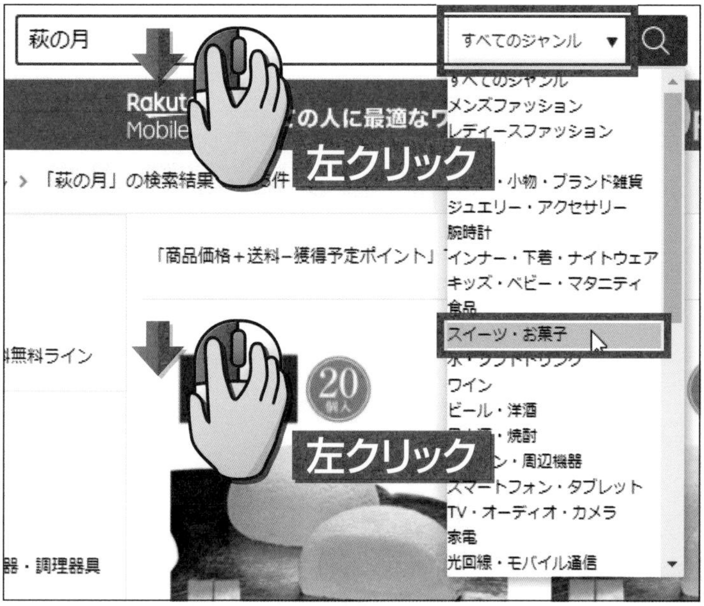

すべてのジャンル ▼ を

左クリックします。

メニューが表示されたら、

スイーツ・お菓子 を

左クリックします。

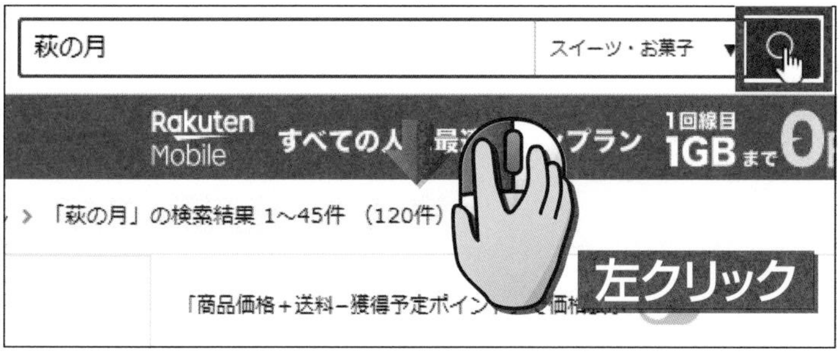

に

《カーソル》を移動して、

左クリックします。

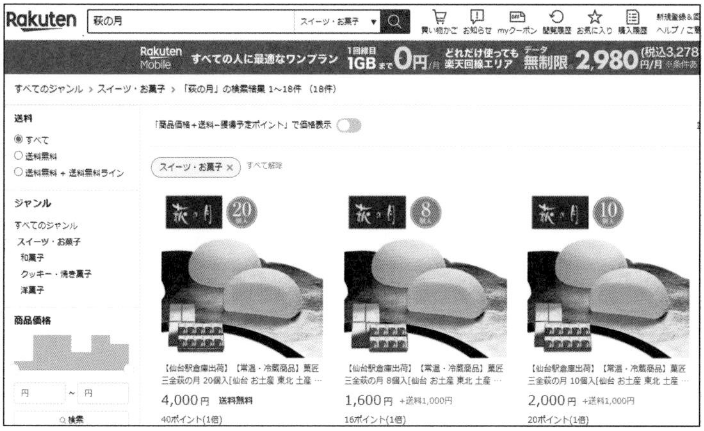

検索結果が
「スイーツ・お菓子」に
絞り込まれました。

キーワードを追加して検索結果を絞り込もう

キーワードを追加して商品を絞り込むことができます。
検索ボックスに、複数のキーワードを入力します。

操作　左クリック ▶P.013　入力 ▶P.016

1 キーワードを追加する準備をします

142ページの方法で、商品の検索結果の画面を表示しておきます。

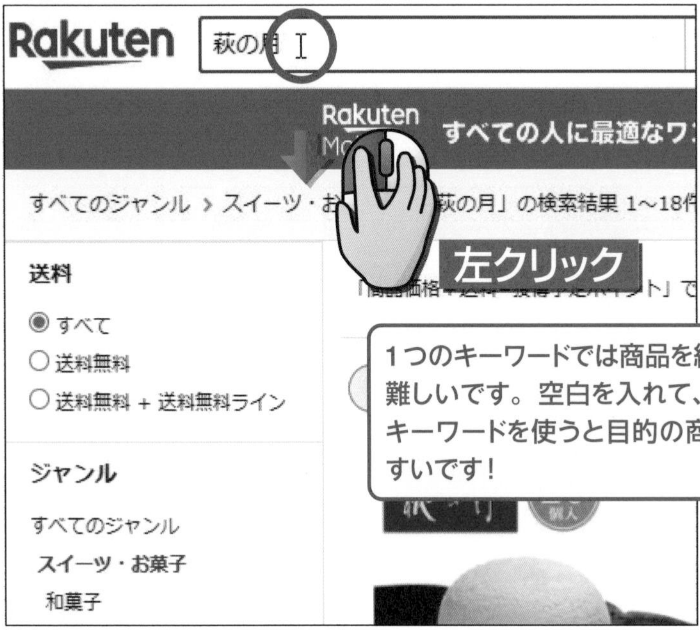

萩の月 の文字の後ろを 左クリックします。

1つのキーワードでは商品を絞り込むのは難しいです。空白を入れて、2つ以上のキーワードを使うと目的の商品が探しやすいです！

2 キーワードを追加します

スペース
キーを押して、空白を入力します。

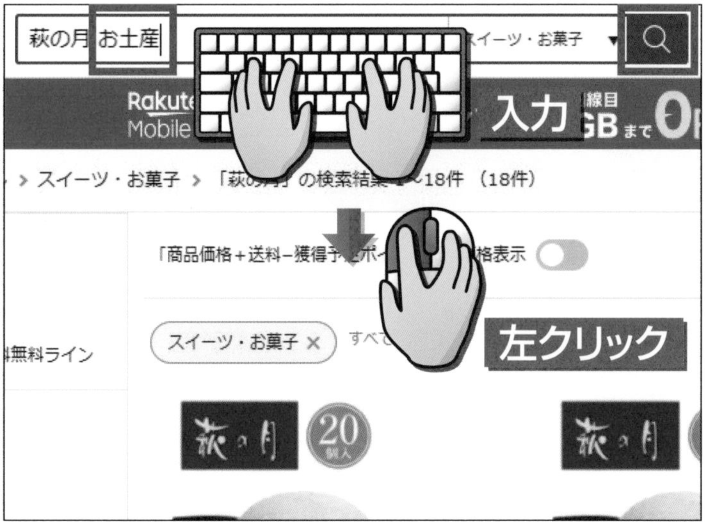

2つ目のキーワード（ここでは「お土産」）を入力します。

を

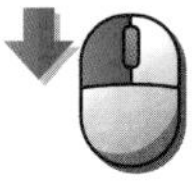左クリックします。

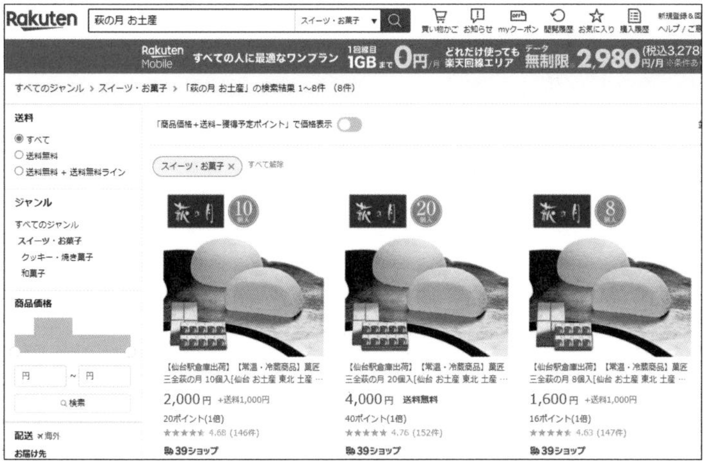

「萩の月」「お土産」という2つのキーワードで絞り込んだ結果が表示されます。

検索結果を並べ替えよう

商品の検索結果を並べ替えて表示します。
ここでは、価格の安い順に並べ替えます。

操作 移動 ▶P.012 左クリック ▶P.013

1 並べ替えをする準備をします

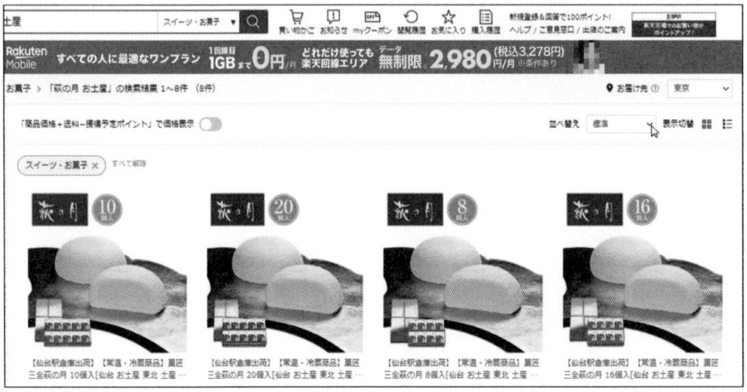

144ページの方法で、
商品の検索結果を
絞り込んでおきます。

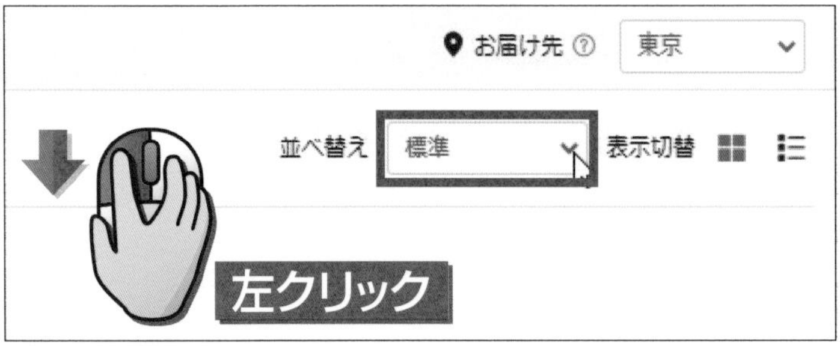

並べ替え の
標準 を
左クリックします。

2 並べ替え条件を指定します

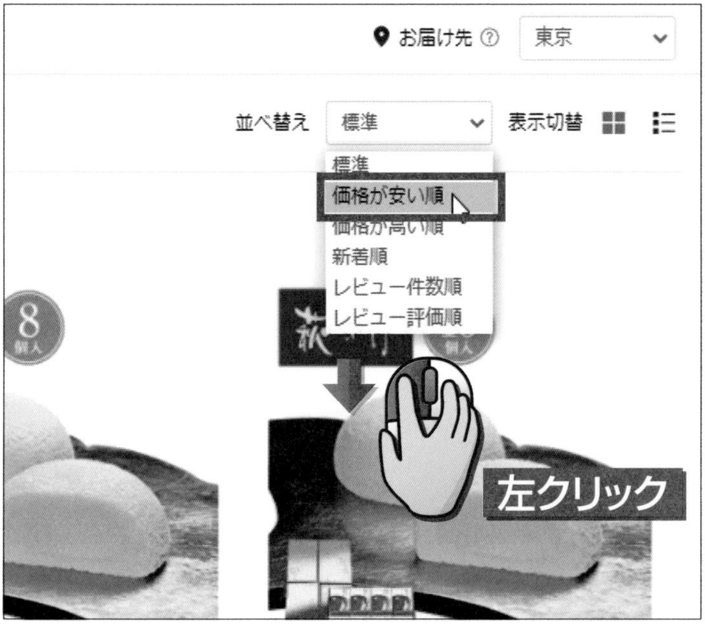

価格が安い順 に

カーソル を移動して、

左クリックします。

3 検索結果が並べ替わりました

商品の検索結果が、価格の安い順に並びました。

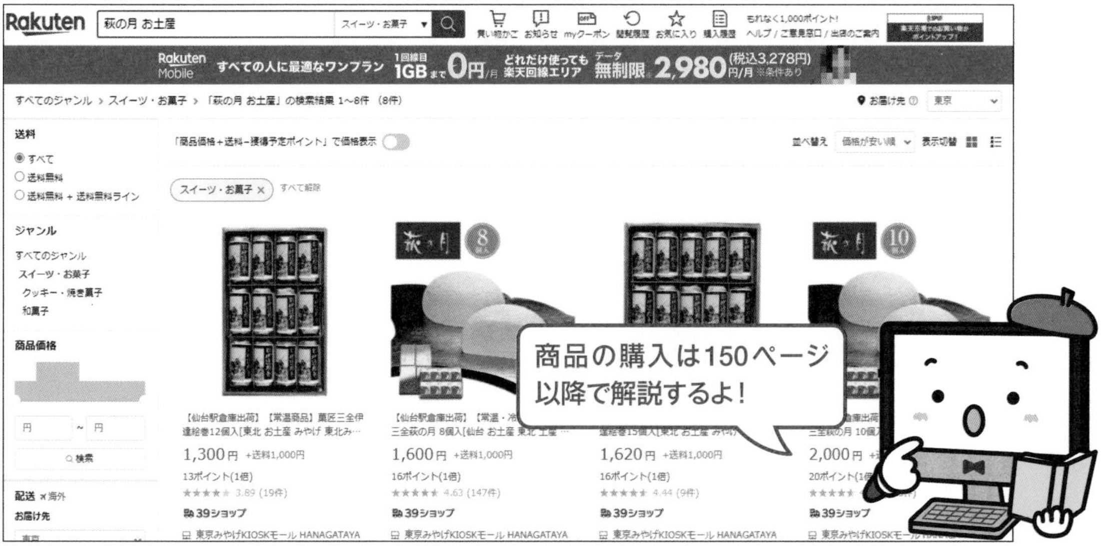

コラム　その他の絞り込み条件について

ジャンルや複数のキーワードで商品を絞り込む以外に、
価格帯で絞り込むこともできます。

検索結果の左側の「商品価格」から、商品の価格帯を指定します。

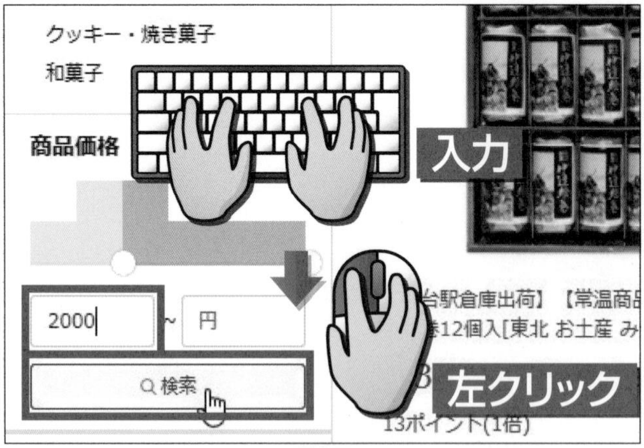

ここでは、下限を

入力して、

Q 検索　を

左クリックします。

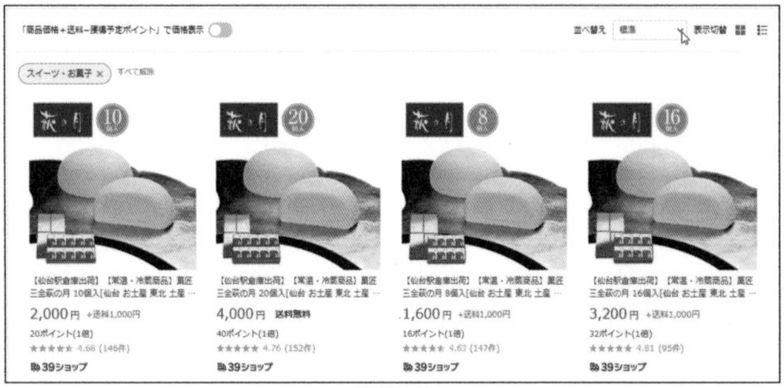

検索結果が
「2000円」以上で
絞り込まれました。

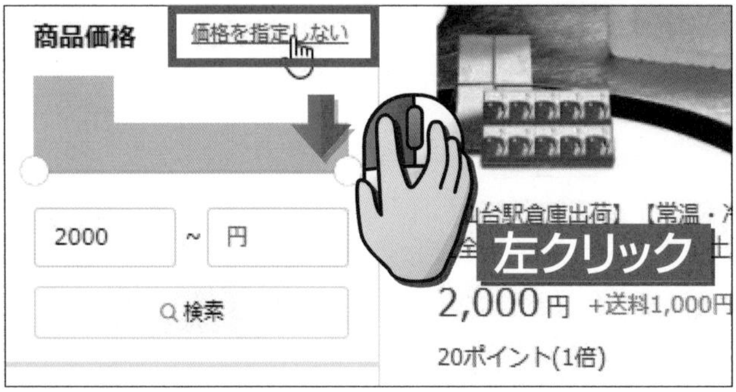

価格を指定しない　を

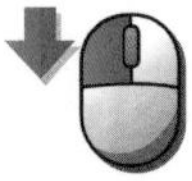左クリックすると、

条件を解除できます。

8

第8章 楽天市場で注文しよう

この章で学ぶこと

- 商品を買い物かごに入れられますか?
- 買い物かごに入れた商品を削除できますか?
- 注文数を変更できますか?
- 注文を確定できますか?
- 配送状況を確認できますか?

買い物かごに商品を入れよう

購入する商品は買い物かごに入れましょう。
買い物かごに入っている商品だけが購入できます。

操作 移動 ▶P.012 左クリック ▶P.013

1 商品の情報を表示します

144ページの方法で、商品の検索結果を絞り込んでおきます。

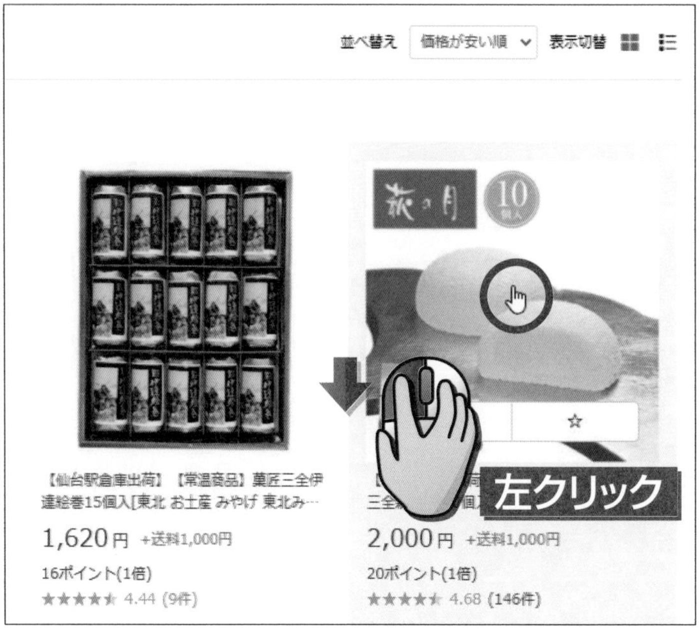

購入したい商品に

《カーソル》を移動して、

左クリックします。

2 商品を買い物かごに入れます

画面右下の

商品をかごに追加 を

左クリックします。

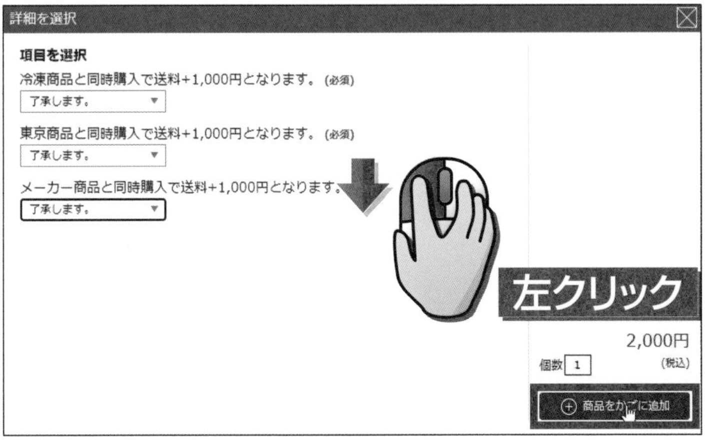

商品をかごに追加 を

左クリックします。

ポイント!

「項目を選択」画面が表示された場合は、162ページのコラムの方法で内容を確認します。

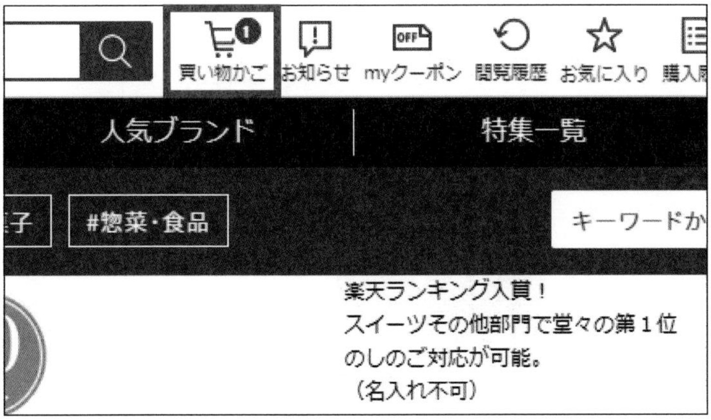

これで、
商品が買い物かごに
追加されました。

ポイント!

買い物かごのアイコンに、買い物かごに入っている商品の数が のように表示されます。

買い物かごから不要な商品を削除しよう

買い物かごに入れた商品の中から不要な商品を削除します。
注文する前であればかんたんに削除できます。

操作 移動 ▶P.012 左クリック ▶P.013

1 買い物かごの中を表示します

150ページの方法で、もう1つ商品を買い物かごに追加します。

買い物かご に

《カーソル》を移動して、

左クリックします。

ポイント!

買い物かごの中が表示されない場合は、186ページの方法で楽天市場のホームページにログインしてから操作します。

2 商品を削除します

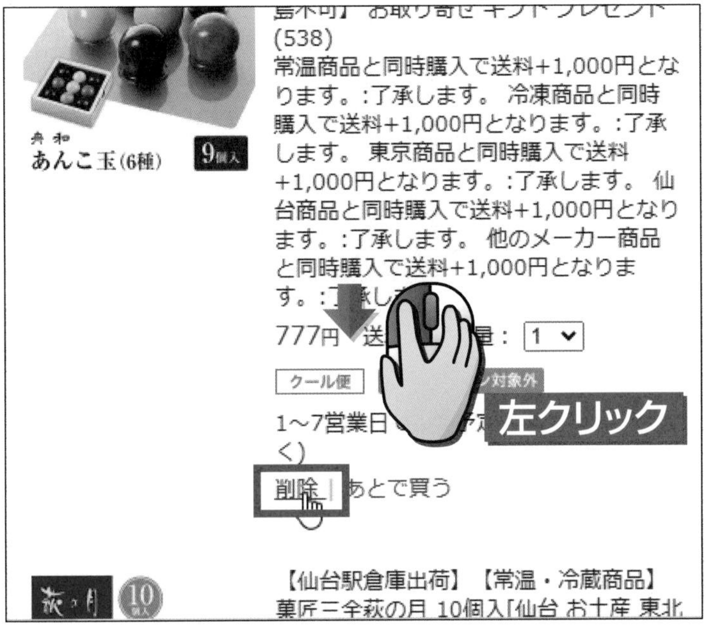

不要な商品の

削除 を

左クリックします。

3 商品が削除されました

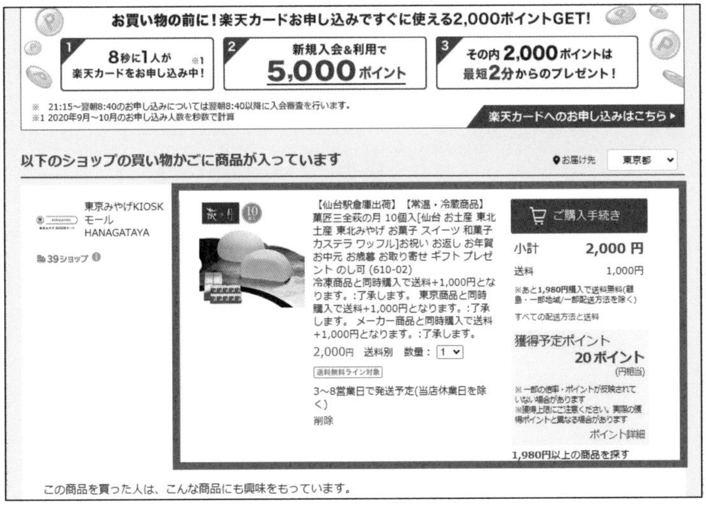

買い物かごから
商品が削除されました。

すべての商品を削除すると、買い物自体をキャンセルすることになります！

注文数を変更しよう

商品の注文を完了する前に、注文数を確認します。
注文を完了する前であれば、注文数を変更できます。

操作 移動 ▶P.012 左クリック ▶P.013

▶P.012 ▶P.013

1 買い物かごの中を表示します

買い物かご に

《カーソル》を移動して、

左クリックします。

ポイント!

買い物かごの中が表示されない場合は、186ページの方法で楽天市場のホームページにログインしてから操作します。

2 注文数量を変更します

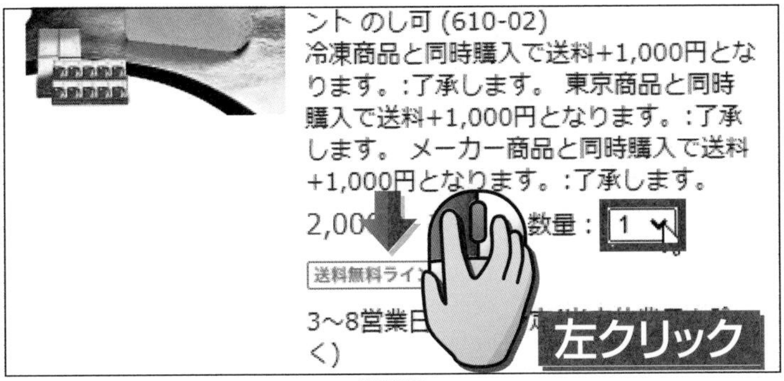

「数量」の

1 ∨ を

左クリックします。

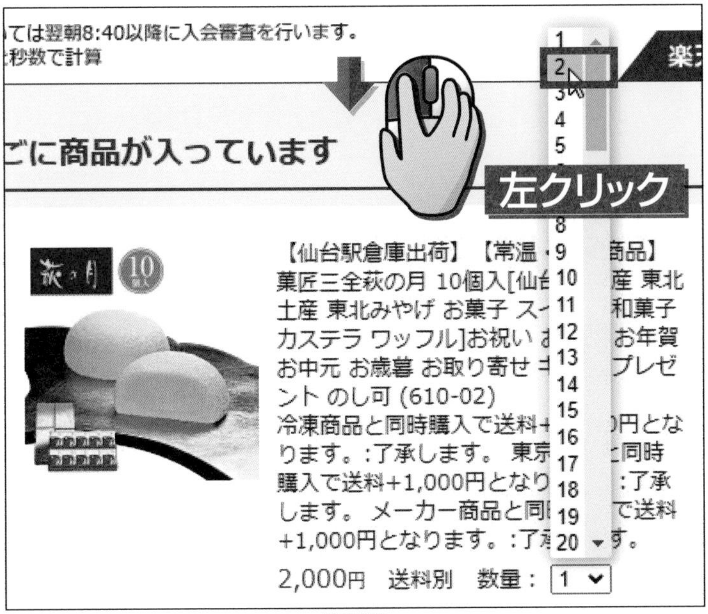

注文したい数の

数字を

左クリックします。

ポイント！

ここでは、「萩の月」の数量を「1」から「2」に変更します。

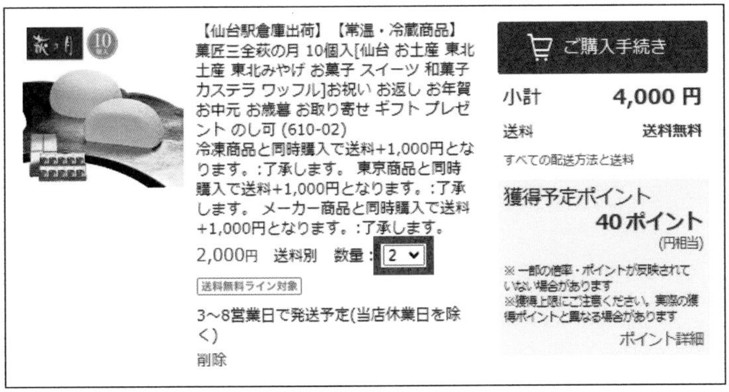

商品の注文数が

変更されました。

ポイント！

数量は、増やすだけでなく減らすこともできます。

注文を確定しよう

買い物かごの中を確認して、問題がなければ注文を確定します。
注文を完了すると、注文内容がメールで届きます。

操作 回転 ▶P.010 左クリック ▶P.013 入力 ▶P.016

1 買い物かごの中を表示します

を

左クリックします。

ポイント！

買い物かごの中が表示されない場合は、186ページの方法で楽天市場のホームページにログインしてから操作します。

2 購入手続きに進む準備をします

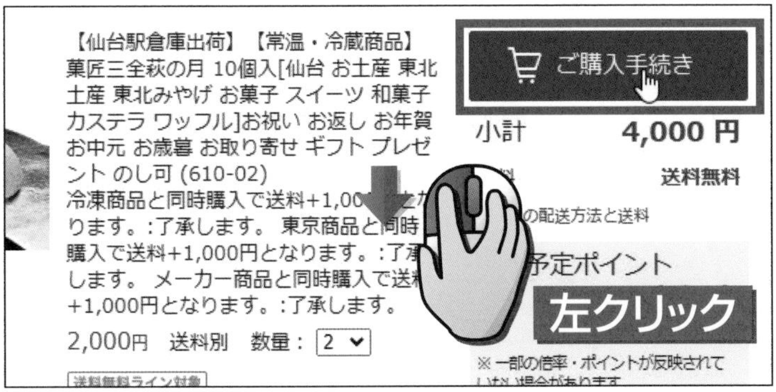

ご購入手続き を

左クリックします。

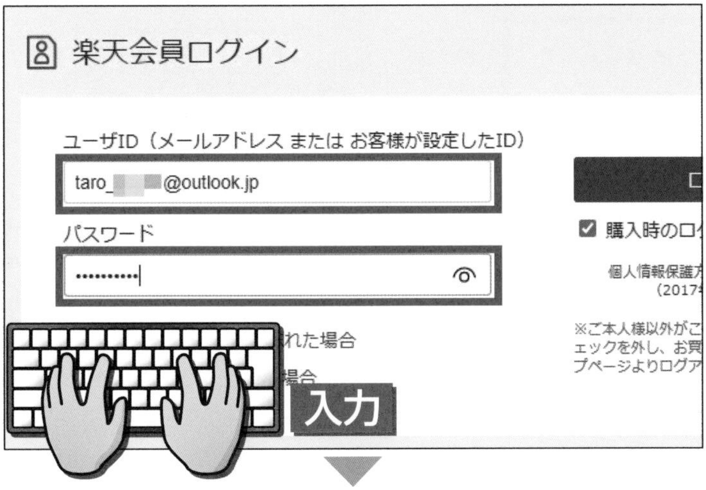

ログイン画面が
表示された場合は、
120ページで登録した
「ユーザID」と
「パスワード」を
入力します。

ポイント！

ログイン画面が表示されない場合は、158ページに進みます。

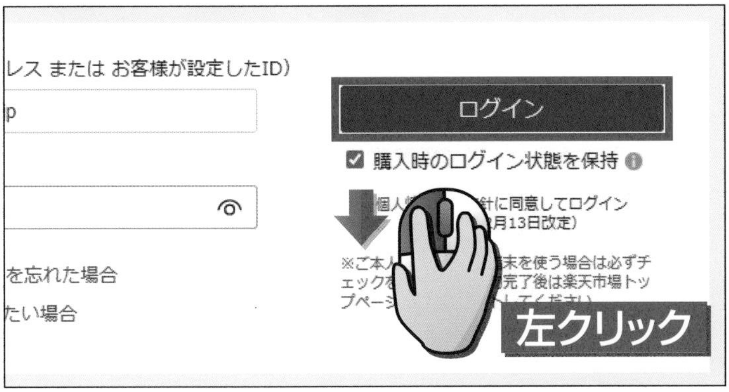

ログイン を

左クリックします。

ポイント！

「パスワードを保存」画面が表示された場合は、なし を左クリックします。

次へ

3 注文内容を確認します

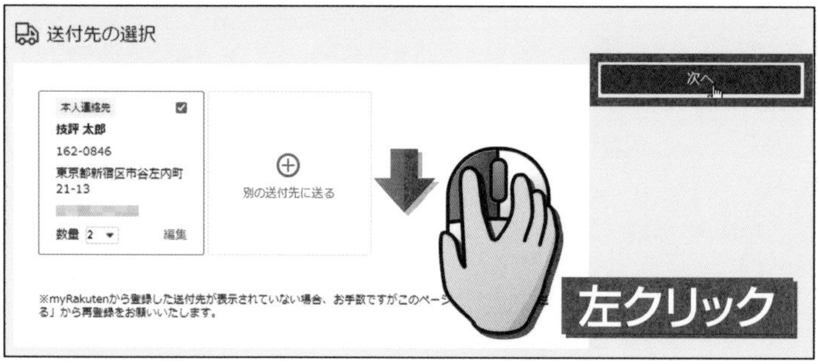

送付先を確認して、 次へ を 左クリックします。

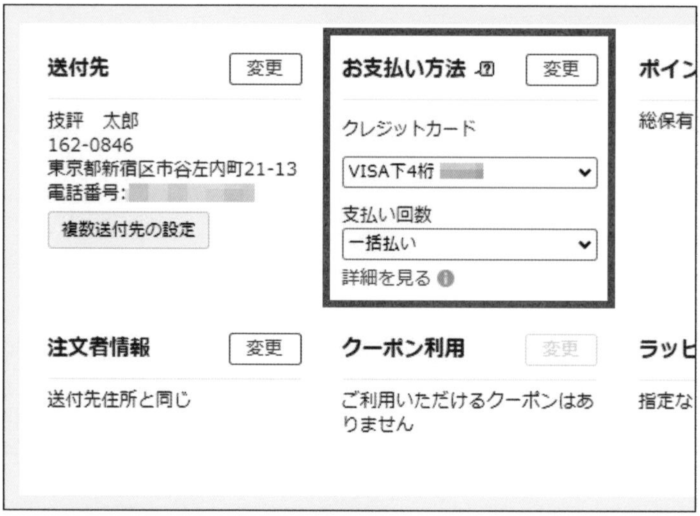

支払い方法を確認します。

ポイント！

132ページで登録したクレジットカードの情報が表示されています。

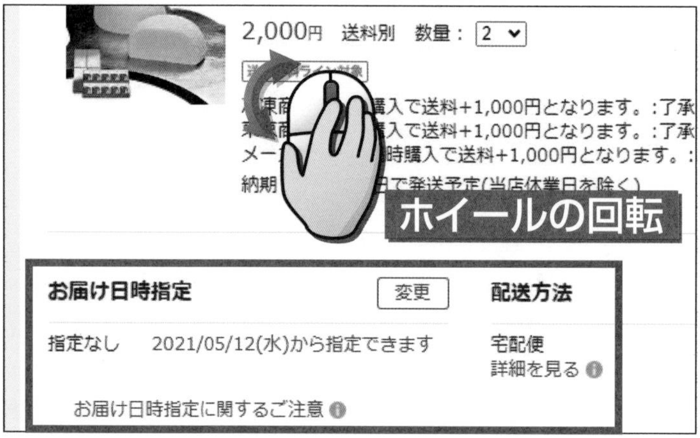

マウスのホイールを 回転して、

お届け日時と配送方法を確認します。

4 注文を確定します

注文を確定する を

左クリックします。

5 注文が完了します

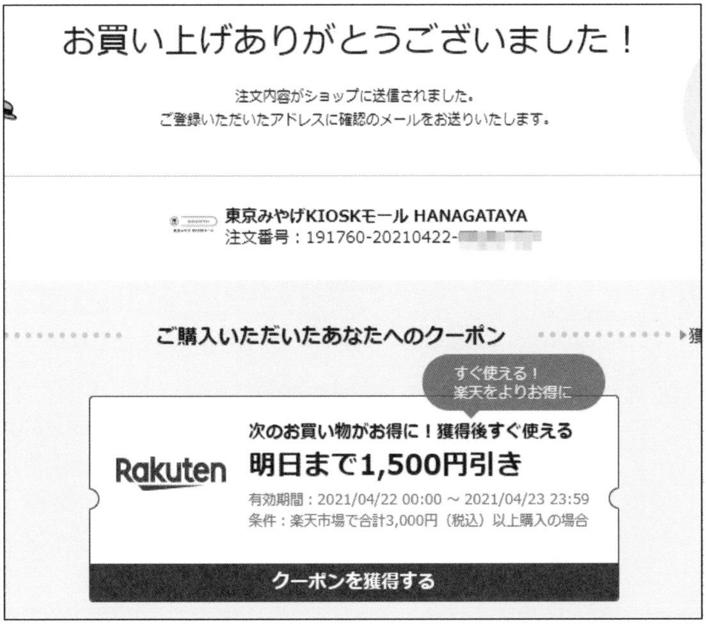

注文が完了しました。

ポイント!

注文が完了すると、登録したメールアドレスに、注文内容に関するメールが届きます。

配送状況を確認しよう

注文した商品の配送状況を確認できます。
楽天市場のホームページにログインした状態で操作します。

操作　移動 ▶P.012　左クリック ▶P.013

1 購入履歴を確認します

114ページの方法で、楽天市場のホームページを表示します。

に

《カーソル》を移動して、

左クリックします。

ポイント!

ログイン画面が表示された場合は、186ページの方法で、楽天市場のホームページにログインします。

2 配送状況を確認します

購入履歴が
表示されます。

配送状況を確認したい
商品の左側の

配送状況を確認する を

左クリックします。

3 配送状況が表示されます

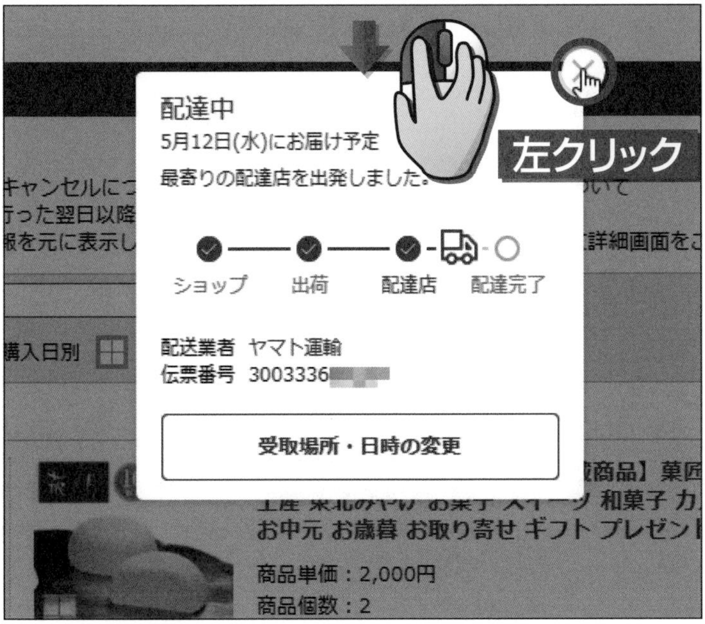

商品の配送状況が
表示されます。

× を

左クリックします。

コラム 商品を購入する際の選択項目について

150ページの方法で、商品を買い物かごに入れると、商品によっては、「項目を選択」画面が表示される場合があります。

このようなときは、それぞれの項目を確認し、

選択してください ▼ を **左クリック**します。

表示されるメニューから、

了承します。 を **左クリック**します。

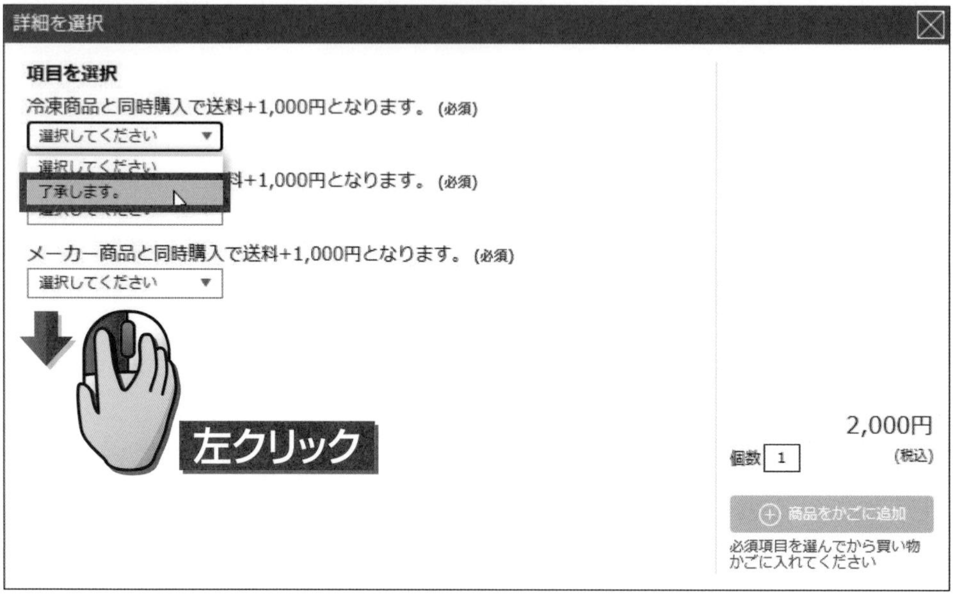

了承します。 を選択しないと、

商品を買い物かごに追加できないので、注意しましょう。

項目の内容や数は、商品によって異なります。

第9章

楽天市場で困ったことを解決しよう

この章で学ぶこと

- サジェスト機能を利用して楽天市場のホームページを表示できますか?
- ポイントが利用できますか?
- 過去に購入した商品をもう一度購入できますか?
- 商品をキャンセルできますか?
- 楽天市場にログインできますか?
- パスワードを再設定できますか?

楽天市場をかんたんに表示しよう

一度表示したホームページは、２度目からはかんたんに表示できます。アドレスをすべて入力する手間が省けて便利です。

操作

左クリック
▶P.013

入力
▶P.016

1 ブラウザーを起動します

114ページの方法で、ブラウザーを起動しておきます。

ポイント!

画面が小さい場合は、画面右上にある □ (最大化)を左クリックします。

2 アドレスバーを左クリックします

検索または Web アドレスを入力《アドレスバー》を

左クリックします。

画面右下に A が

表示されていることを

確認します。

ポイント!

あ が表示されている場合は、16ページを参考にして A を表示します。

3 Delete キーを押します

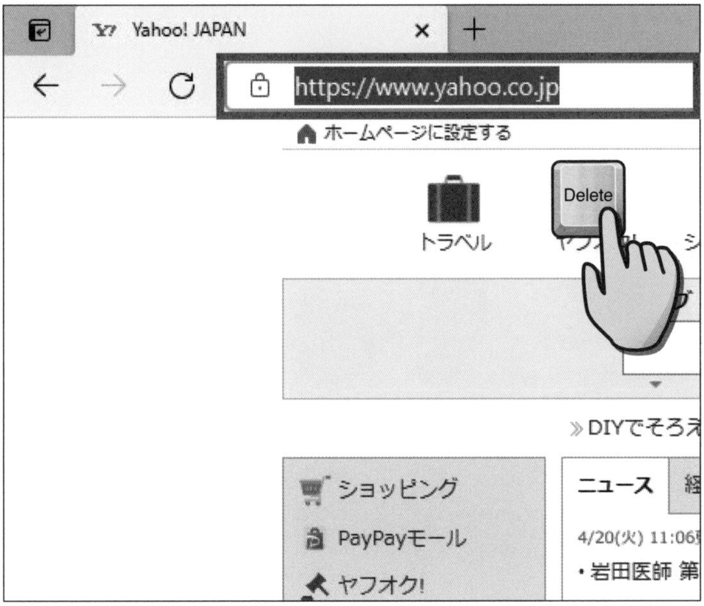

Delete《デリート》 キーを押します。

ポイント!

アドレスバーが空欄の場合は、手順5に進みます。

次へ

4 アドレスバーの文字が消えます

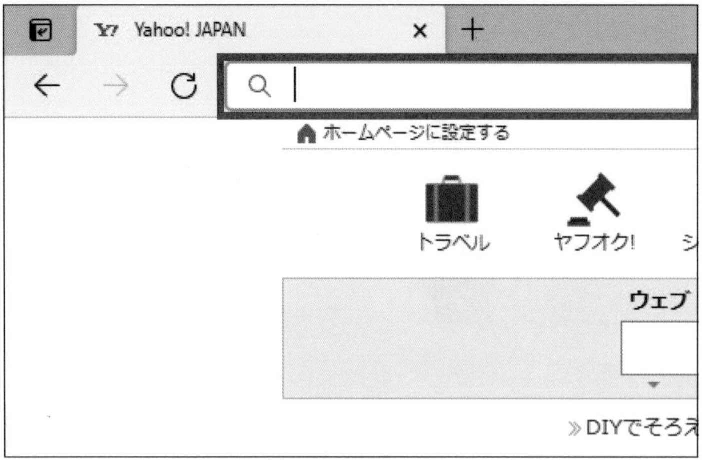

アドレスバーの文字が消えます。

5 「r」と入力します

「r」と

入力します。

自動的に「rakuten.co.jp」と表示されます。

キーを押します。

ポイント！

「r」と入力して「rakuten.co.jp」と表示されない場合は、「r」の次に「a」と入力してください。

6 楽天市場が表示されました

楽天市場が表示されました。

コラム サジェスト機能とは

アドレスバーに文字を入力すると、入力した文字に続く候補が自動的に表示されます。この機能を**サジェスト機能**と呼びます。これにより、毎回長いアドレスを入力する手間を省くことができます。

支払いにポイントを使おう

楽天では、ポイントを使って買い物ができます。
商品の支払い時に、ポイントを利用できます。

操作　移動 ▶P.012　左クリック ▶P.013

1 商品の注文画面を開きます

156ページの方法で、商品の注文画面を開いておきます。

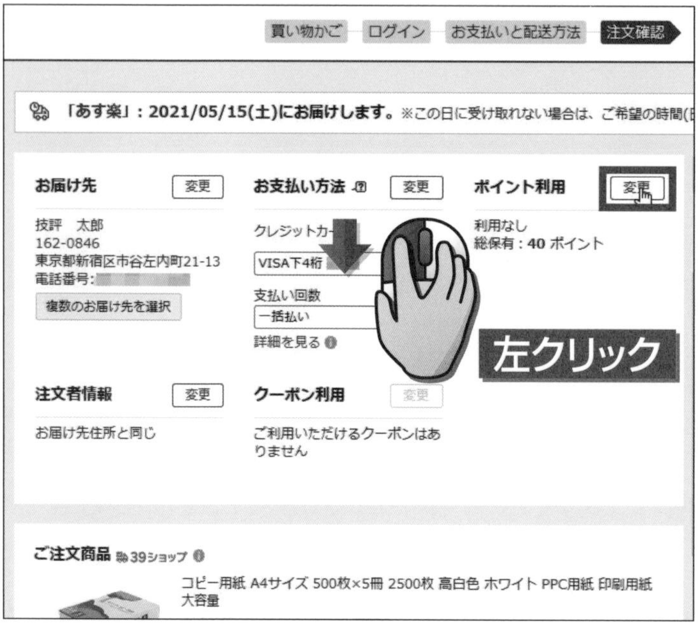

ポイント利用 の **変更** に

カーソル を移動して、

左クリックします。

ポイント！

楽天市場のトップページに、利用可能なポイントが表示されています。

2 ポイントを利用します

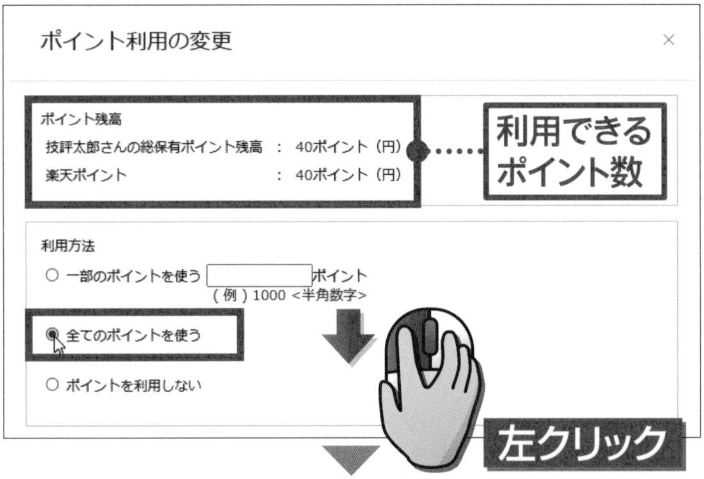

利用できるポイント数が表示されます。

○ 全てのポイントを使う を

左クリックします。

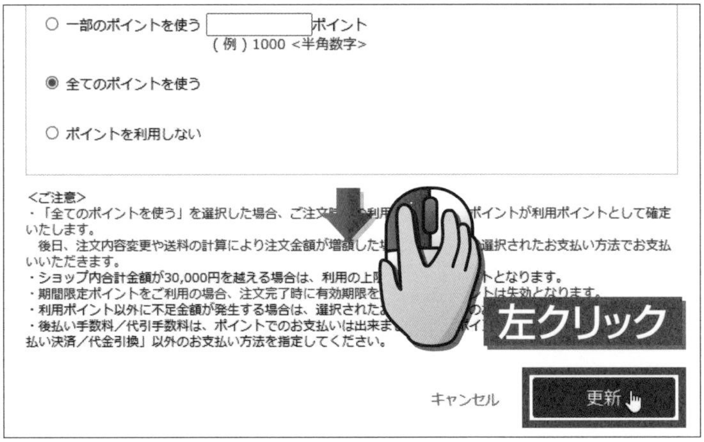

更新 を

左クリックします。

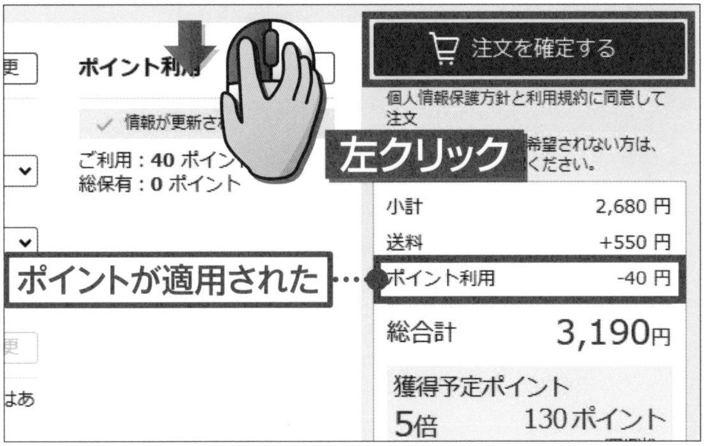

ポイントが適用され、支払い額が減りました。

注文を確定する を

左クリックして、

注文を完了します。

過去に購入した商品を再度購入しよう

楽天市場で過去に購入した商品を調べることができます。
購入履歴のページから商品を再度購入することができます。

操作

移動 ▶P.012

左クリック ▶P.013

1 購入履歴を表示します

164ページの方法で、楽天市場のホームページを表示します。

購入履歴 に

カーソル
を移動して、

左クリックします。

ポイント!

商品によっては販売が中止されているなど、再購入できない場合があります。

2 過去に購入した商品を再購入します

購入履歴の一覧が表示されます。

再度購入したい商品の もう一度購入する を左クリックします。

3 注文を確定します

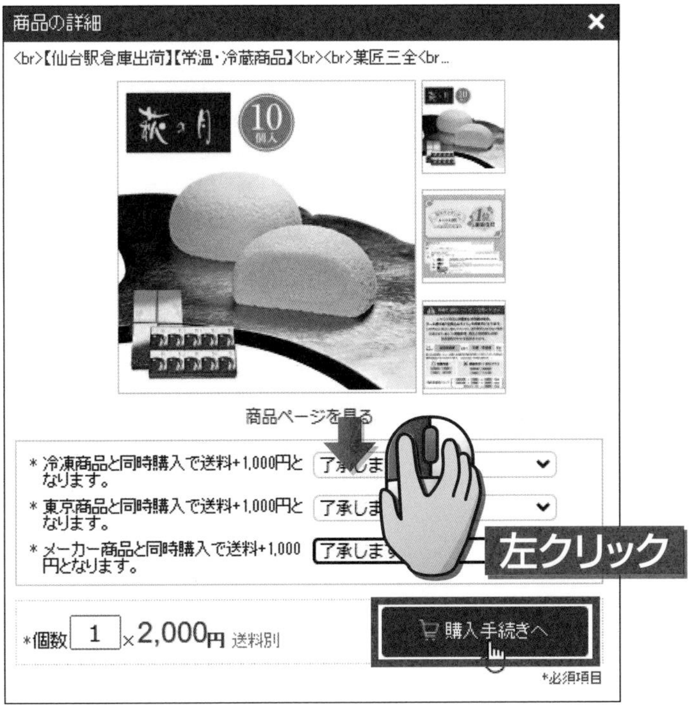

購入手続きへ を左クリックします。

157ページ以降の操作で、注文を確定します。

ポイント！

「項目を選択」画面が表示された場合は、162ページの方法で了承します。

条件で商品を絞り込もう

楽天市場の商品は、送料や配送日などの条件で絞り込むことができます。ここでは、送料無料の商品と翌日配達の商品に絞り込みます。

操作 回転 ▶P.010 左クリック ▶P.013

1 検索結果を表示します

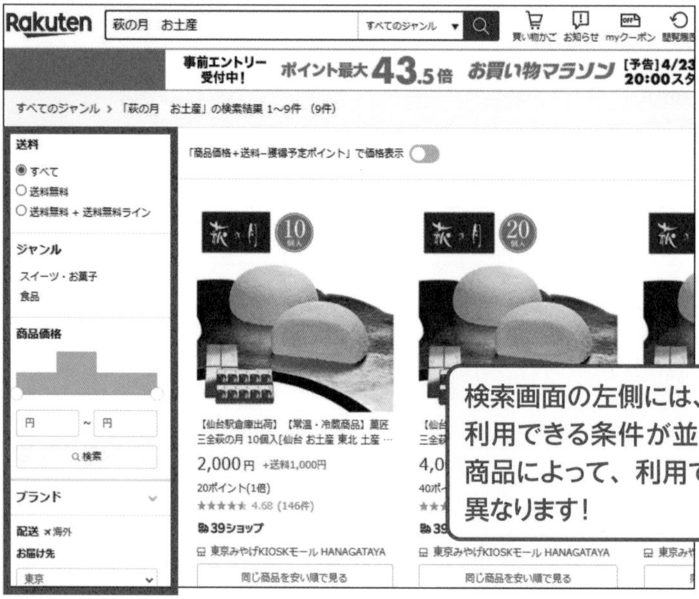

138ページの方法で、商品の検索結果を表示します。

検索画面の左側には、絞り込みに利用できる条件が並んでいます。商品によって、利用できる条件が異なります！

2 送料無料の商品に絞り込みます

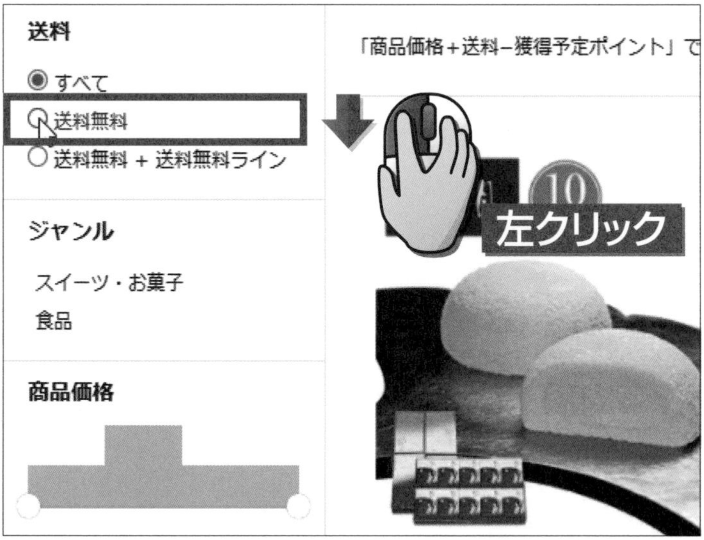

画面左側の

○ 送料無料 を

左クリックします。

ポイント！

○すべて を左クリックすると、条件を解除できます。

3 送料無料の商品に絞り込まれました

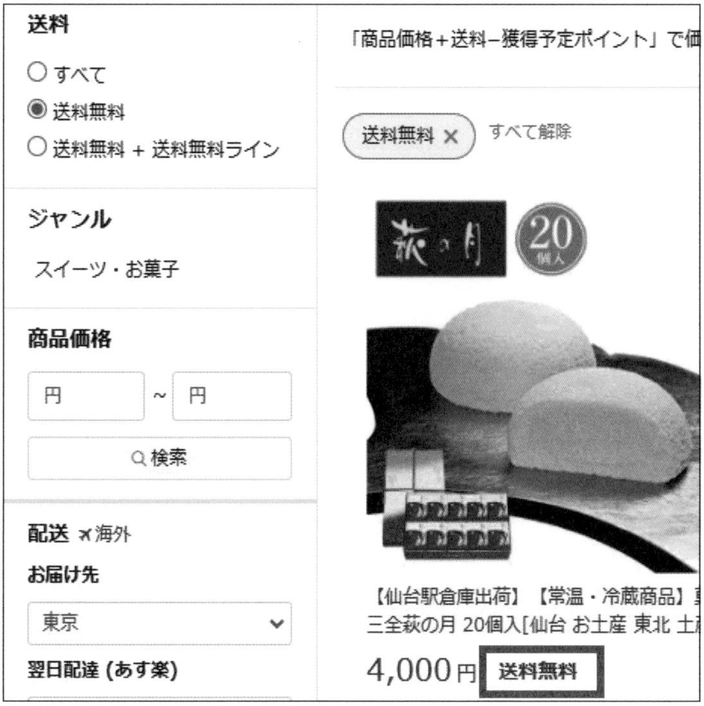

送料無料の商品に絞り込むことができました。

ポイント！

楽天市場では、商品合計3980円（税込）以上購入した場合、送料が無料になることが多いです。

次へ

4 検索画面を表示します

138ページの方法で、商品の検索結果を表示します。

ポイント!

ここでは、「水」の検索結果を表示しています。

5 翌日配達の商品に絞り込みます その1

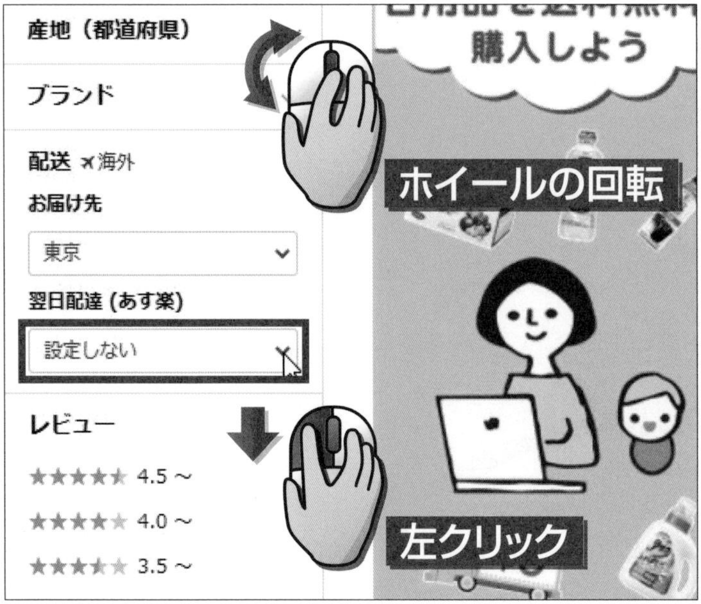

マウスのホイールを回転して、画面左側の翌日配達（あす楽）の設定しないを左クリックします。

6 翌日配達の商品に絞り込みます その2

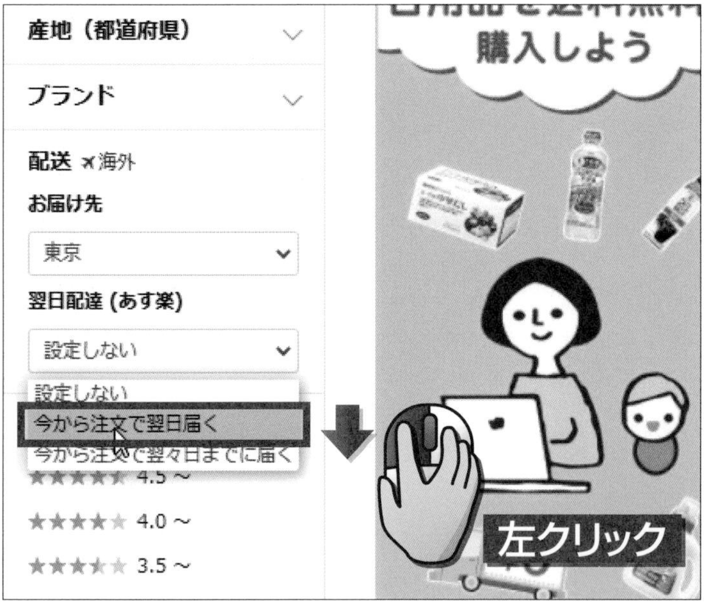

今から注文で翌日届く を

左クリックします。

ポイント!

商品やお届け先によっては 翌日配達 (あす楽) が選べないものもあります。

7 翌日配達の商品に絞り込めました

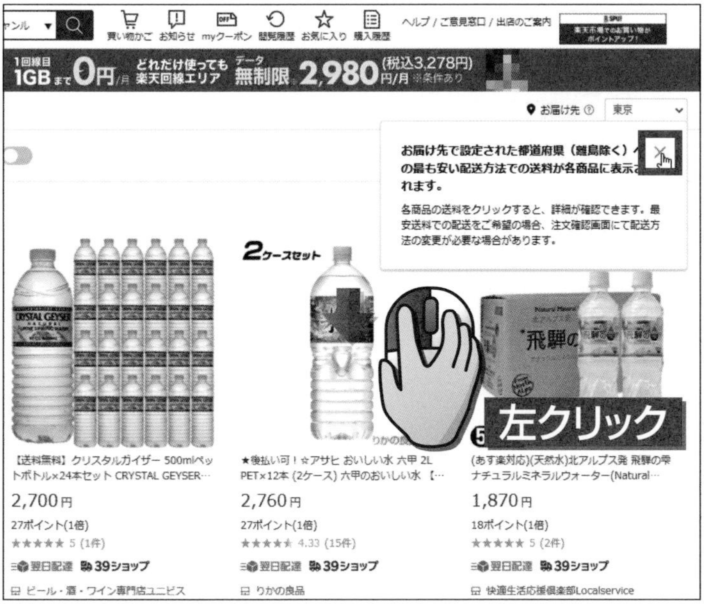

翌日配達可能な商品に絞り込むことができました。

お届け先に関するメッセージが表示された場合は、内容を確認して ✕ を

左クリックします。

間違って購入した商品をキャンセルしよう

注文完了後すぐならば、注文をキャンセルできる場合があります。ただし、必ずキャンセルできるわけではないので注意しましょう。

操作　回転 ▶P.010　移動 ▶P.012　左クリック ▶P.013

1 購入履歴を表示します

164ページの方法で、楽天市場のホームページを表示します。

購入履歴 に

《カーソル》を**移動**して、

左クリックします。

購入直後であっても注文をキャンセルできない商品があるので気をつけてね！

2 注文の詳細画面を表示します

注文をキャンセルしたい商品の横の 注文詳細を表示 を左クリックします。

3 注文のキャンセル画面を表示します

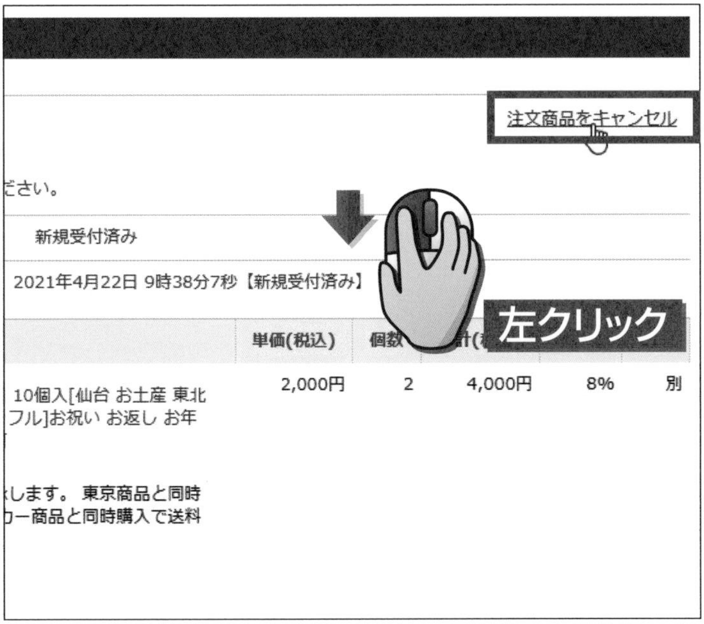

注文商品をキャンセル を左クリックします。

ポイント！

注文商品をキャンセル が表示されない場合は、ショップへ問い合わせる を左クリックしてショップに連絡してください。

次へ

4 注文のキャンセル画面が表示されます

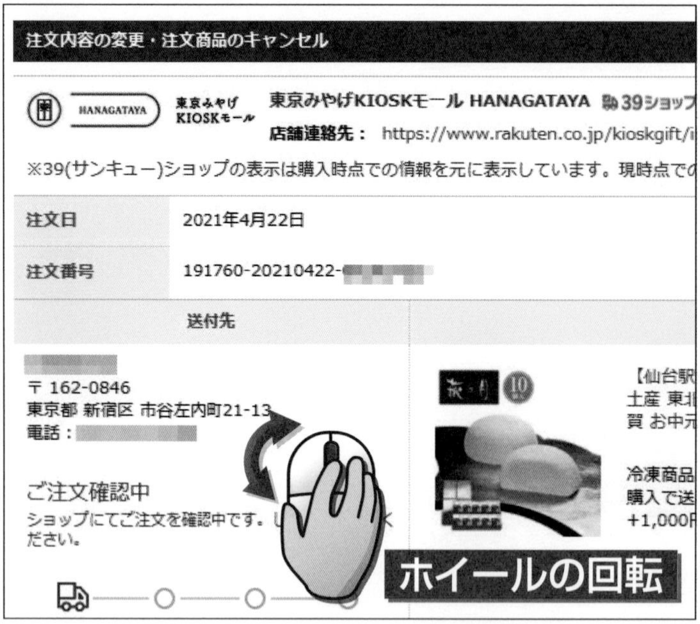

注文のキャンセル画面が表示されます。

マウスのホイールを回転して、

画面の下の方を表示します。

5 キャンセルを選択します

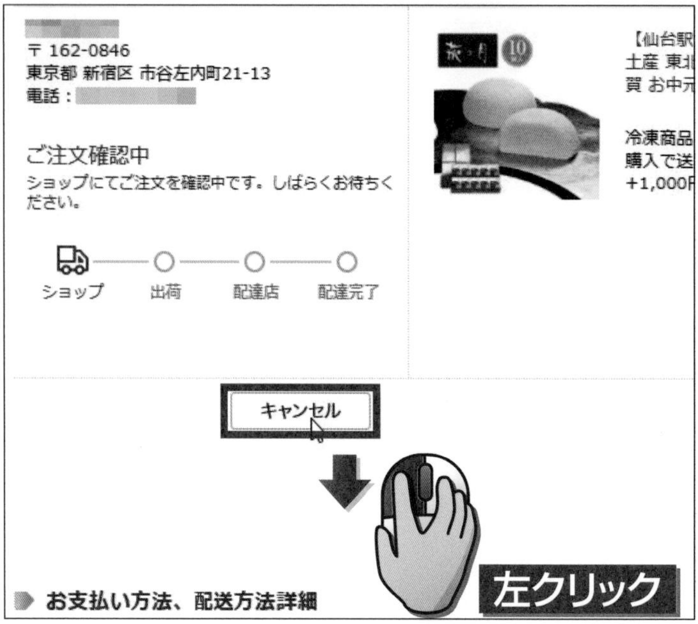

キャンセル を

左クリックします。

6 注文のキャンセルを確定します

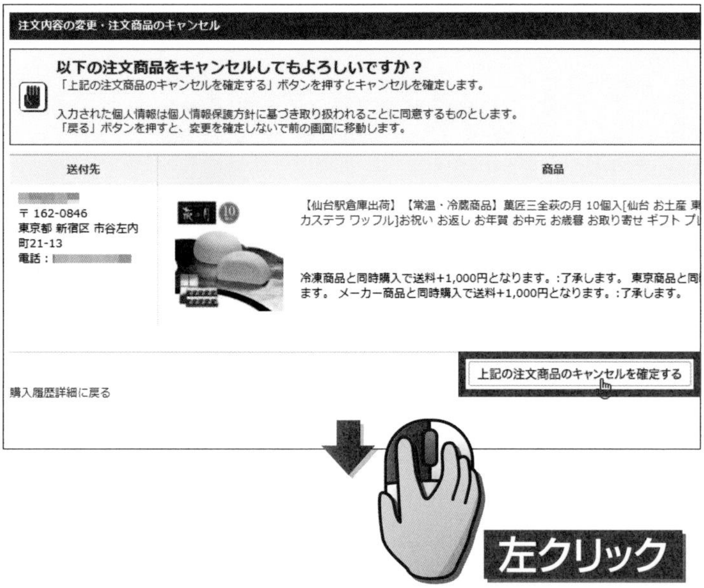

上記の注文商品のキャンセルを確定する を

左クリックします。

ポイント！

注文をキャンセルすると、登録したメールアドレスに、注文キャンセルに関するメールが届きます。

7 注文のキャンセルを完了します

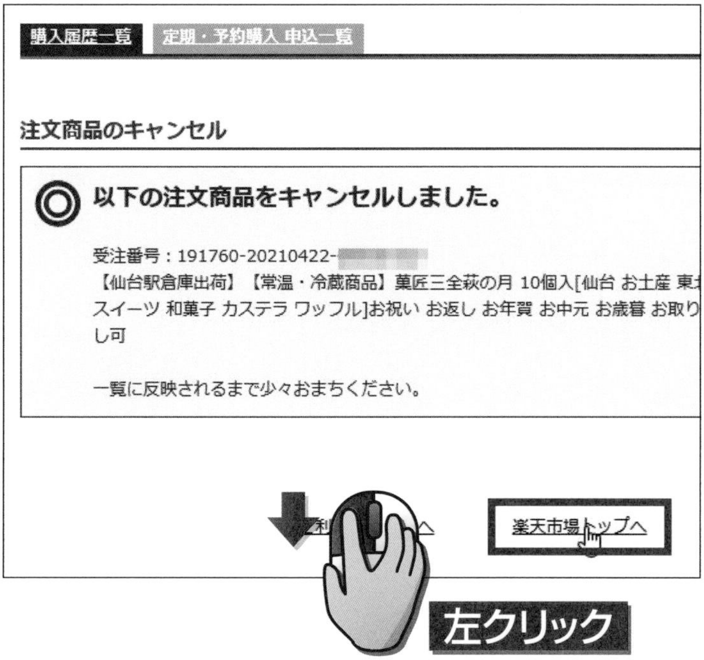

これでキャンセルができました。

楽天市場トップへ を

左クリックすると、

楽天市場に戻ります。

パスワードを忘れてしまったら

楽天市場でユーザー登録したパスワードを忘れてしまった場合は、
新しいパスワードを設定し直します。

操作

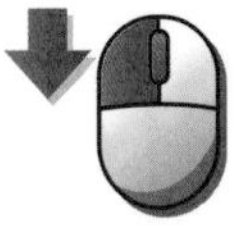

左クリック ▶P.013

入力 ▶P.016

1 ログイン画面を表示します

下の画面が表示されて、パスワードを忘れてしまった場合は

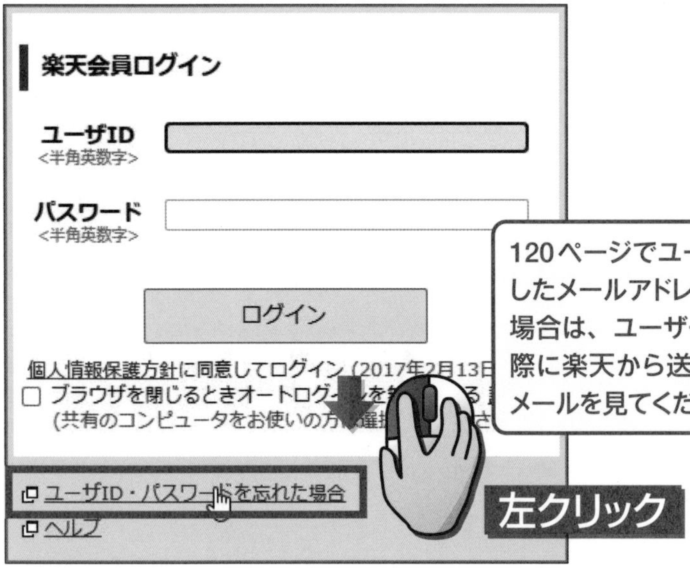

ユーザID・パスワードを忘れた場合 を

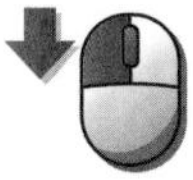

左クリックします。

120ページでユーザーIDに登録したメールアドレスがわからない場合は、ユーザーIDを登録した際に楽天から送られてきているメールを見てください！

2 メールアドレスを入力します

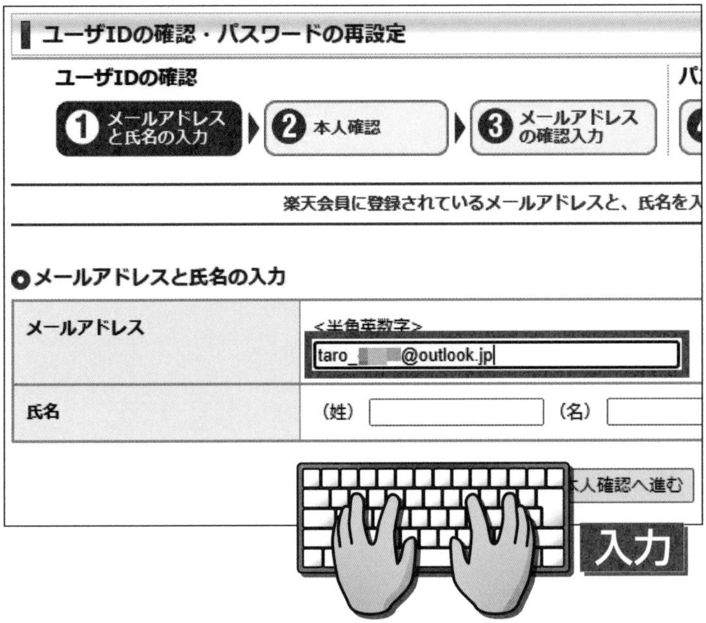

メールアドレス の

入力欄に、

121ページで登録した

メールアドレスを

入力します。

3 氏名を入力します

氏名 の

入力欄に、

122ページで登録した

「姓」と「名」を

入力します。

次へ

4 入力した情報を確認します

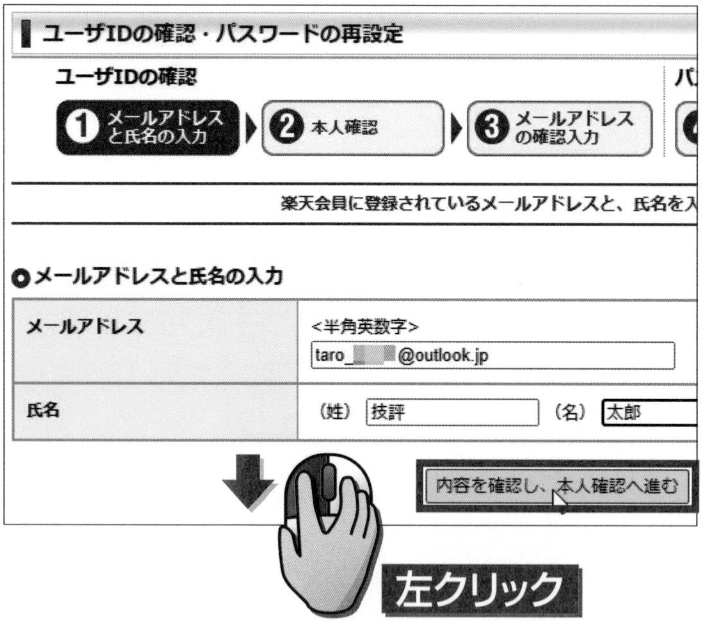

内容を確認し、本人確認へ進む を

左クリックします。

入力した
メールアドレスに、
楽天から
メールが届きます。

5 メールを確認します

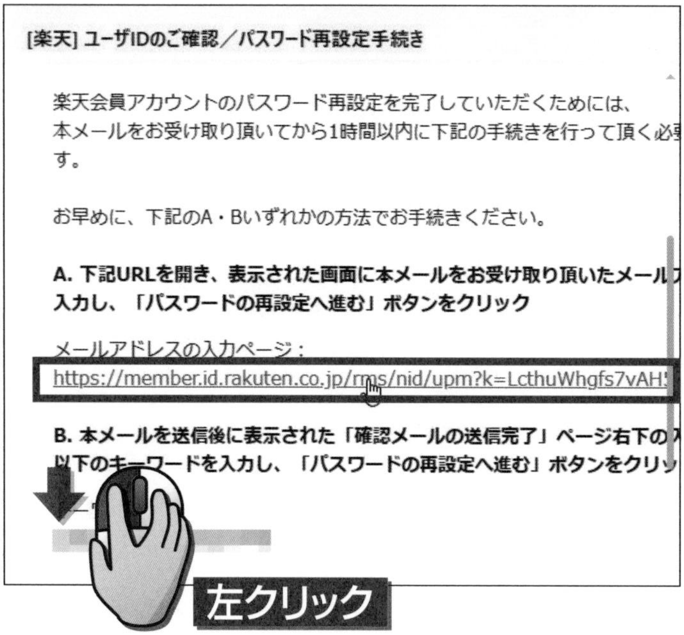

メールアプリを起動して、
楽天から届いたメールを
開きます。

メールアドレスの入力ページ の

リンクを

左クリックします。

6 メールアドレスを入力します

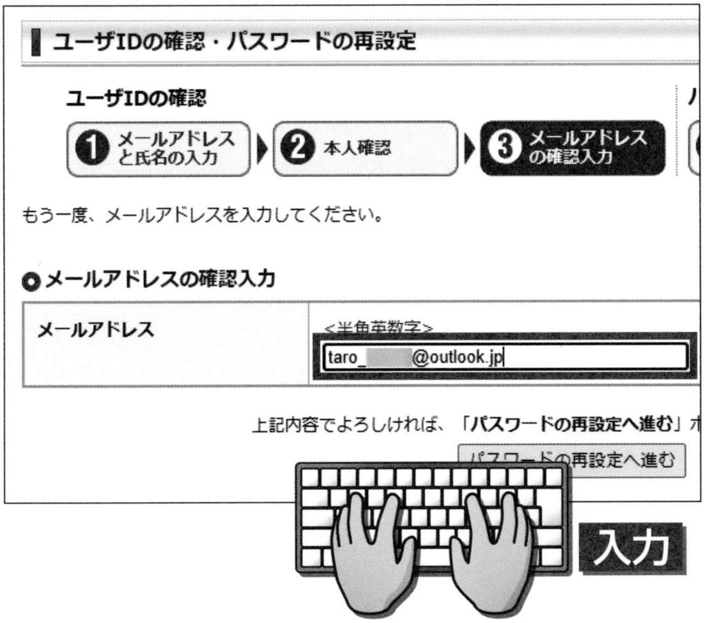

ブラウザーが開くので、

メールアドレス の

入力欄に、

121ページで登録した

メールアドレスを

入力します。

7 パスワードを再設定します

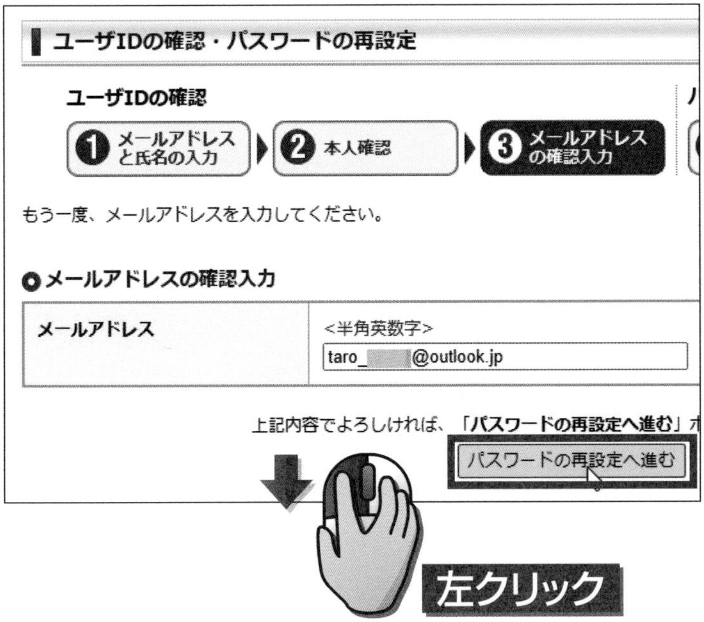

パスワードの再設定へ進む を

左クリックします。

次へ

8 新しいパスワードを入力します その1

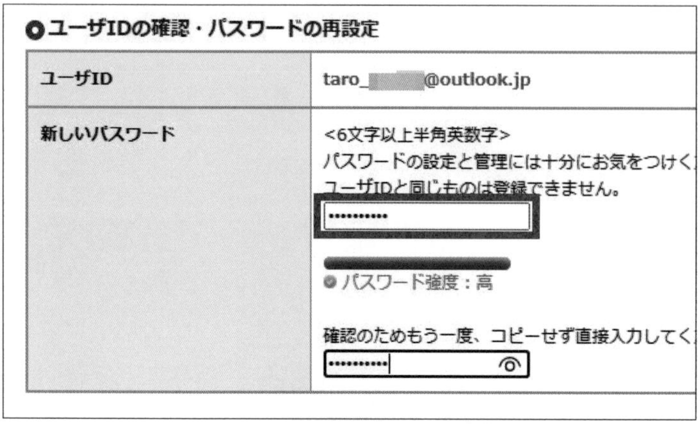

新しいパスワード の

入力欄に、

新しいパスワードを

入力します。

9 新しいパスワードを入力します その2

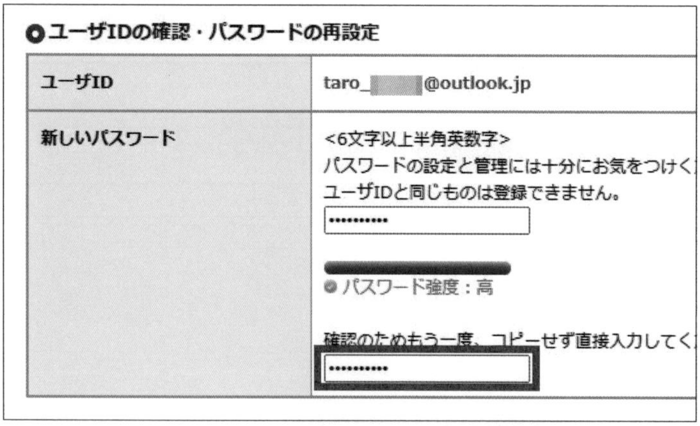

もう一度、

同じパスワードを

入力します。

10 文字を入力します

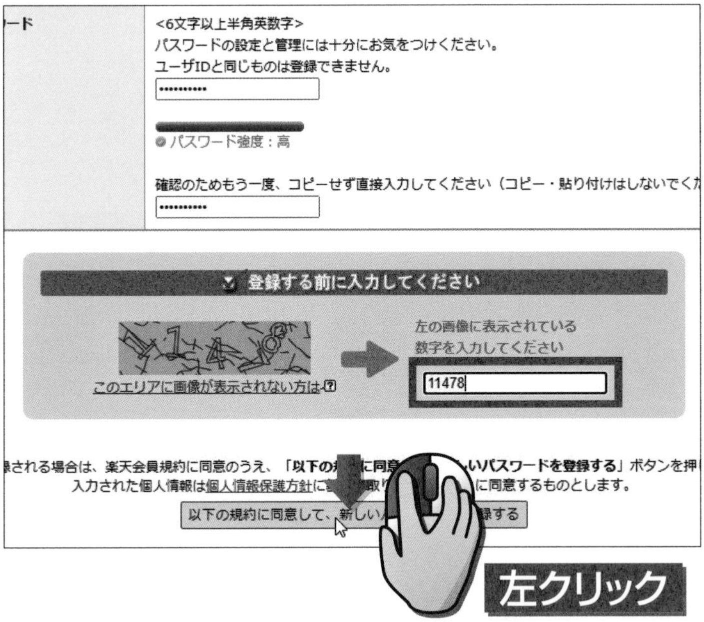

ード
<6文字以上半角英数字>
パスワードの設定と管理には十分にお気をつけください。
ユーザIDと同じものは登録できません。
パスワード強度：高
確認のためもう一度、コピーせず直接入力してください（コピー・貼り付けはしないでくだ
登録する前に入力してください
左の画像に表示されている
数字を入力してください
11478
このエリアに画像が表示されない方は
録される場合は、楽天会員規約に同意のうえ、「以下の規約に同意して、新しいパスワードを登録する」ボタンを押
入力された個人情報は個人情報保護方針に基づき取り扱われることに同意するものとします。
以下の規約に同意して、新しいパスワードを登録する
左クリック

画面に表示された
文字を

入力します。

11 パスワードを再設定します

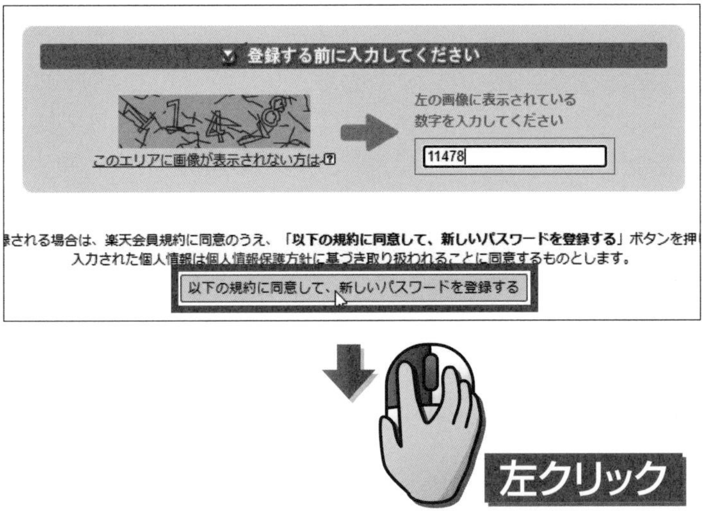

登録する前に入力してください
左の画像に表示されている
数字を入力してください
11478
このエリアに画像が表示されない方は
録される場合は、楽天会員規約に同意のうえ、「以下の規約に同意して、新しいパスワードを登録する」ボタンを押
入力された個人情報は個人情報保護方針に基づき取り扱われることに同意するものとします。
以下の規約に同意して、新しいパスワードを登録する
左クリック

以下の規約に同意して、新しいパスワードを登録する

を

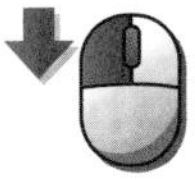
左クリックします。

新しいパスワードを
再設定できました。

楽天市場に ログインしよう

楽天市場で買い物をするには、
楽天市場のホームページにログインする必要があります。

操作
移動 ▶P.012
左クリック ▶P.013
入力 ▶P.016

1 ログインする準備をします

楽天市場のホームページを表示した際に

ログイン が表示されている場合は、ログイン作業が必要です。

ログイン に

《カーソル》を移動して、

左クリックします。

2 ユーザーIDを入力します

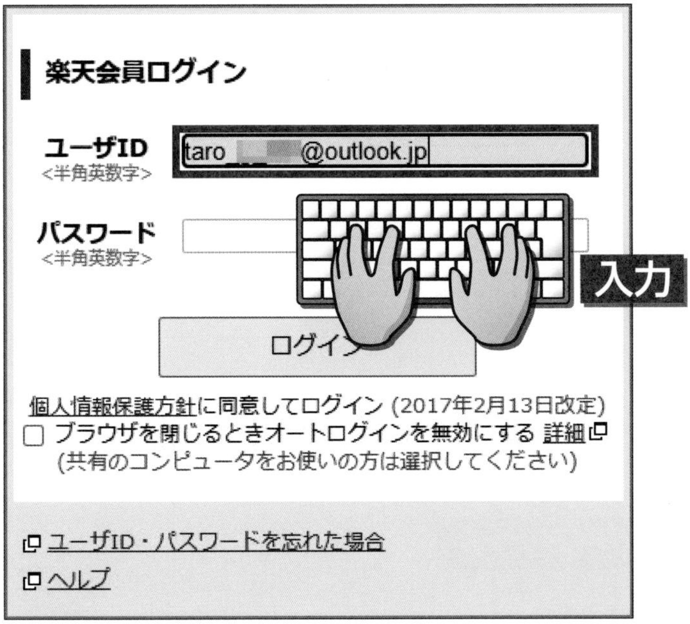

121ページで登録した
メールアドレスを
入力します。

ポイント!

本書では、ユーザーIDとしてメールアドレスを指定しています。

3 パスワードを入力します

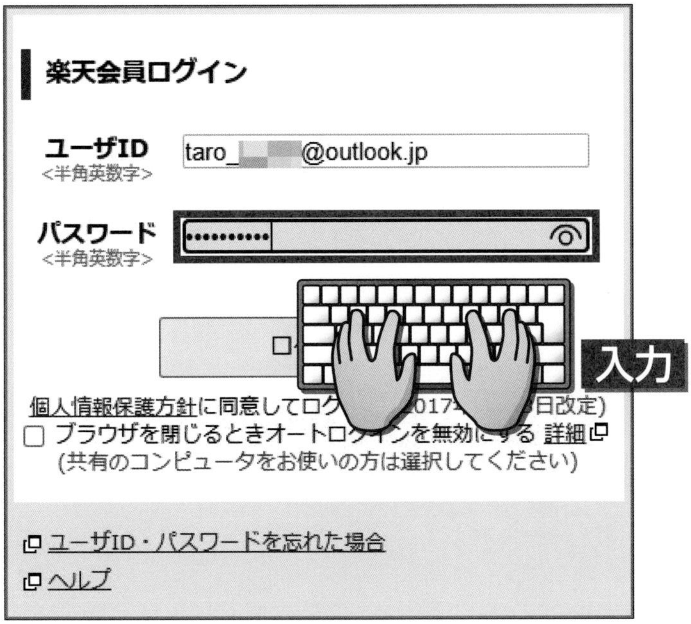

122ページで登録した
パスワードを
入力します。

次へ

4 楽天市場にログインします

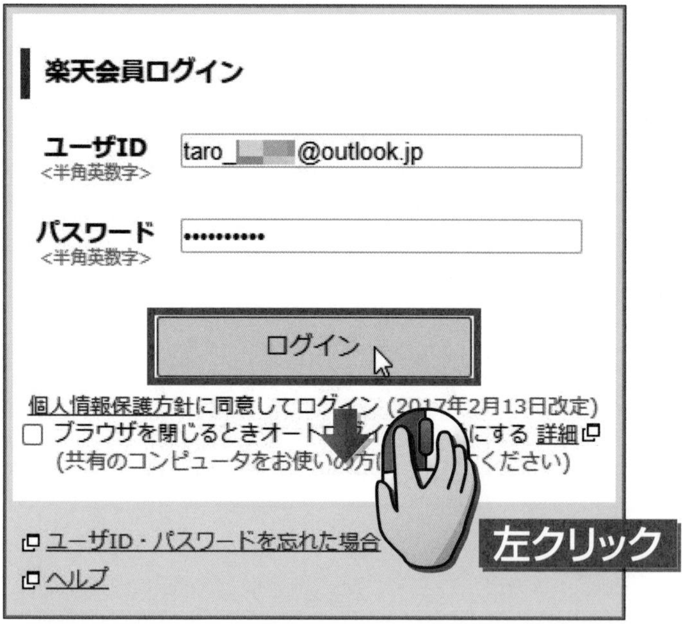

ログイン に

カーソル を移動して、

左クリックします。

5 楽天市場にログインできました

ログインできると、ログアウト が表示されます。

これで、楽天市場で買い物ができます。

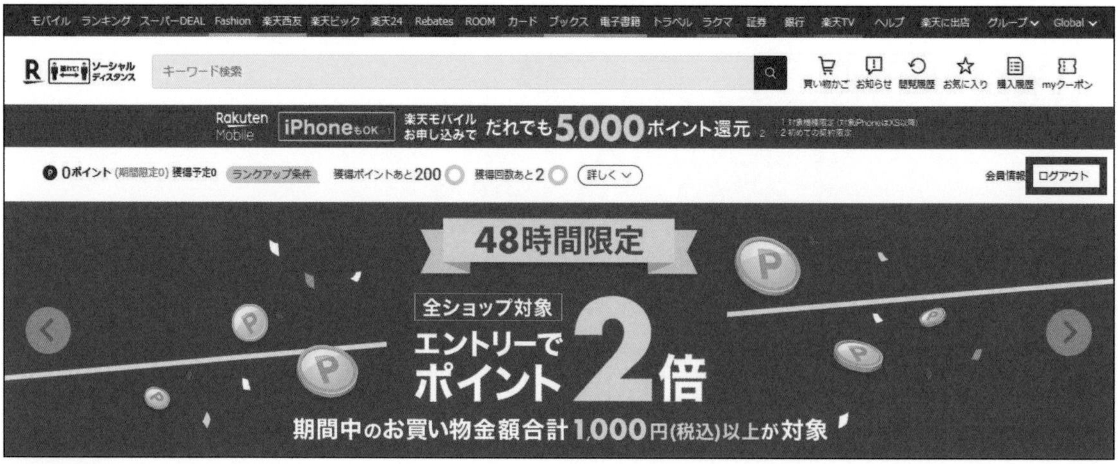

コラム ログインとログアウト

自分が登録した情報（メールアドレスやパスワード）を使って、サービスを受けられるようにすることを**ログイン**といいます。反対に、ログインの状態を解除することを**ログアウト**といいます。楽天市場にログインしているかログアウトしているかは、楽天市場のホームページの画面右上の表示で確認できます。

● ログインしている状態

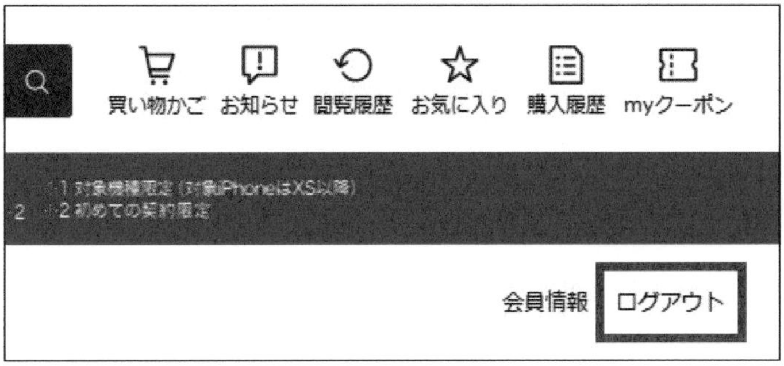

● ログアウトした状態

索引

記号・英語

. ………… 35, 117
Amazon ………… 28
Edge ………… 32, 114
Kindle ………… 64
Yahoo!ショッピング ………… 30
ZOZOTOWN ………… 30

ア行

アカウントの作成 アマゾン ………… 36
アドレス
アマゾン ………… 35
楽天 ………… 117
アマゾン ………… 28
移動 ………… 12
インターネット通販 ………… 20
英語入力 ………… 17
エッジ ………… 32, 114
エンターキー ………… 15
お急ぎ便 アマゾン ………… 99, 102
オンラインショッピング ………… 20

カ行

カーソル ………… 12
カート アマゾン ………… 66
カートの中身の確認 アマゾン ………… 70
買い物かご 楽天 ………… 150
価格帯 楽天 ………… 148
カテゴリー アマゾン ………… 58
かな入力 ………… 18
キーボード ………… 15
キーワードの追加
アマゾン ………… 60
楽天 ………… 144
クリック ………… 13
クレジットカード
アマゾン ………… 46
楽天 ………… 132
検索結果
アマゾン ………… 56
楽天 ………… 140
検索結果の並べ替え 楽天 ………… 146
項目を選択 楽天 ………… 162

サ行

シフトキー ………… 15
ジャンル 楽天 ………… 142
住所
アマゾン ………… 42
楽天 ………… 126
商品のキャンセル
アマゾン ………… 96
楽天 ………… 176
商品の検索
アマゾン ………… 54
楽天 ………… 138
商品の購入
アマゾン ………… 66
楽天 ………… 150
商品の再購入
アマゾン ………… 92
楽天 ………… 170
商品の削除
アマゾン ………… 72
楽天 ………… 152

商品の情報
アマゾン …… 62
楽天 …… 141
数量の変更
アマゾン …… 88
楽天 …… 154
スペースキー …… 15
セキュリティ対策 …… 25
送料無料 楽天 …… 172

タ行

ダブルクリック …… 14
定期おトク便 アマゾン …… 86
デリートキー …… 15
ドット …… 35, 117
ドラッグ …… 14

ナ行

日本語入力 …… 17
入力モード …… 17
入力モードアイコン …… 16
認証コード アマゾン …… 40
ネットショップ …… 20
ネット通販 …… 20

ハ行

配送状況
アマゾン …… 78
楽天 …… 160
パスワード
アマゾン …… 38, 108
楽天 …… 122, 180
バックスペースキー …… 15
半角／全角キー …… 15
左クリック …… 13
プライム会員 アマゾン …… 98
プライム会員の退会 アマゾン …… 104
ブラウザー …… 32, 114
ホイール …… 10
ポイント …… 23
ポイントの利用
アマゾン …… 90
楽天 …… 168

マ行

マウス …… 10
右クリック …… 13
メールアドレス
アマゾン …… 38
楽天 …… 121
文字キー …… 15

ヤ行

ユーザーID 楽天 …… 120
ユーザー登録 楽天 …… 118
翌日配達 楽天 …… 174

ラ行

楽天 …… 29
楽天市場 …… 29
ローマ字入力 …… 18
ログアウト 楽天 …… 189
ログイン
アマゾン …… 50
楽天 …… 186

著者

井上 香緒里（いのうえ かおり）

カバー・本文イラスト

株式会社 アット　イラスト工房

●イラスト工房 ホームページ
https://www.illust-factory.com/

本文デザイン

株式会社 リンクアップ

カバーデザイン

田邉 恵里香

DTP

五野上 恵美

編集

土井 清志

サポートホームページ

https://book.gihyo.jp/116

今《いま》すぐ使《つか》えるかんたん　ぜったいデキます!
ネット通販《つうはん》でお買《か》いもの
[アマゾン &《あんど》 楽天《らくてん》 対応版《たいおうばん》]

2021 年 8 月 26 日　初 版　第 1 刷発行

著　者　井上《いのうえ》 香緒里《かおり》
発行者　片岡 巌
発行所　株式会社技術評論社
東京都新宿区市谷左内町21-13
電話　03-3513-6150　販売促進部
03-3513-6160　書籍編集部
印刷／製本　大日本印刷株式会社

定価はカバーに表示してあります。

ISBN978-4-297-12251-5 C3055
Printed in Japan

問い合わせについて

本書に関するご質問については、本書に記載されている内容に関するもののみとさせていただきます。本書の内容と関係のないご質問につきましては、一切お答えできませんので、あらかじめご了承ください。また、電話でのご質問は受けつけておりませんので、必ずFAXか書面にて下記までお送りください。
なお、ご質問の際には、必ず以下の項目を明記していただきますよう、お願いいたします。

1　お名前
2　返信先の住所またはFAX番号
3　書名
4　本書の該当ページ
5　ご使用のOSのバージョン
6　ご質問内容

FAX

1　**お名前**
技術　太郎
2　**返信先の住所または FAX 番号**
03-XXXX-XXXX
3　**書名**
今すぐ使えるかんたん
ぜったいデキます！
ネット通販でお買いもの
4　**本書の該当ページ**
33 ページ
5　**ご使用の OS のバージョン**
Windows 10
6　**ご質問内容**
ブラウザーが
起動しない

問い合わせ先

〒162-0846 新宿区市谷左内町21-13
株式会社技術評論社 書籍編集部

「今すぐ使えるかんたん　ぜったいデキます!
ネット通販でお買いもの
[アマゾン & 楽天 対応版]」質問係
FAX.03-3513-6167

なお、ご質問の際に記載いただいた個人情報は、ご質問の返答以外の目的には使用いたしません。また、ご質問の返答後は速やかに破棄させていただきます。